应用型本科院校“十四五”新工科理念建设项目
成人自考指定用书

建筑施工组织

主　编／李　解　秦良彬
副主编／李晓明　胡利超
王照安　刘　娜

西南交通大学出版社
·成　都·

图书在版编目（CIP）数据

建筑施工组织 / 李解，秦良彬主编. —成都：西南交通大学出版社，2021.7
应用型本科院校“十四五”新工科理念建设项目
ISBN 978-7-5643-8062-5

Ⅰ. ①建… Ⅱ. ①李… ②秦… Ⅲ. ①建筑工程 - 施工组织 - 高等学校 - 教材 Ⅳ. ①TU721

中国版本图书馆 CIP 数据核字（2021）第 114615 号

应用型本科院校“十四五”新工科理念建设项目
Jianzhu Shigong Zuzhi
建筑施工组织

主　编 / 李　解　秦良彬　　　　责任编辑 / 姜锡伟
封面设计 / 墨创文化

西南交通大学出版社出版发行
（四川省成都市金牛区二环路北一段 111 号西南交通大学创新大厦 21 楼　610031）
发行部电话：028-87600564　　028-87600533
网址：http://www.xnjdcbs.com
印刷：成都中永印务有限责任公司

成品尺寸　185 mm × 260 mm
印张　11.75　　字数　249 千
版次　2021 年 7 月第 1 版　　印次　2021 年 7 月第 1 次

书号　ISBN 978-7-5643-8062-5
定价　38.00 元

课件咨询电话：028-81435775
图书如有印装质量问题　本社负责退换

PREFACE 前言

西南交通大学出版社2013年9月出版了土木工程类系列教材《建筑施工》，师生反馈良好。原作者团队现结合高校课程设置的需要和行业发展实际，将之修订、拆分为《土木工程施工》和《建筑施工组织》两本教材。

"建筑施工组织"是土木工程、工程管理专业重要的专业基础课。2010年以后，我国土木工程领域相继实施了《建筑施工组织设计规范》GB 50502、《建设工程施工管理规程》T/CCIAT 0009、《建设工程项目管理规范》GB/T 50326—2017、《危险性较大的分部分项工程安全管理规定》(2018)等新规范。本次编写为了及时适应新规范的内容，对施工组织设计的内容进行了调整。考虑高校的专业建设和课程内容体系改革，也为读者学习方便，本书更新了建筑施工组织方面的内容。

本书由内江师范学院李解、攀枝花学院秦良彬任主编，攀枝花学院李晓明、内江师范学院胡利超、内江师范学院王照安、哈尔滨远东学院刘娜任副主编。全书共5章，由施工计划技术和施工组织两部分内容组成。各章内容和编者为：建筑施工组织设计概论（李解、秦良彬）、流水施工基本原理（刘娜）、网络计划技术（胡利超）、单位工程施工组织设计（李晓明）、施工组织总设计（王照安）。

本书在编写过程中得到了内江师范学院、攀枝花学院、成都理工大学等有关高校的大力支持和同志们的热情帮助，同时引用了部分专家学者的文献资料，在此表示衷心感谢！

由于编者水平有限，不妥之处，敬请读者批评指正。

编　者

2021年3月

CONTENTS 目录

第1章　建筑施工组织设计概论

1.1　绪　论

作为一项系统工程，建筑施工要顺利地进行，必须要采用科学的方法进行施工管理。施工组织就是建筑施工管理的重要环节，它对统筹建筑施工全过程、推动企业技术进步和优化施工管理起到核心作用。

建筑施工组织研究和制定的是使建筑安装工程施工全过程经济合理的方法和途径。每一个工程对象都是由许多施工过程组成的，每一个施工过程所采用的方法和机械设备又随施工速度、气候条件及其他许多因素的影响而异。因此必须用科学的方法在每一独特的条件下寻求合理的施工组织方法。随着社会进步和经济发展，现代化的建筑结构跨度、高度更大，基础更深，安装技术更复杂，对质量、安全、环保和文明施工等都有更高的要求。

1.1.1　建筑产品的特点

与其他工业产品相比，建筑产品有其自身特点。

1. 建筑产品的固定性

建筑产品设计的结构和建造过程直接与地基基础相连，因此只能在建造地点上固定地使用，一般情况下无法转移。这种一经形成就在空间上固定的属性，称为建筑产品的固定性，这是建筑产品与其他工业产品最大的区别。

2. 建筑产品的庞大性

建筑产品与一般工业产品相比，体量庞大，自重较大，一般置于露天环境下。

3. 建筑产品的单件性

建筑物的使用要求、规模、建筑设计、结构类型等各不相同，不能像一般工业产品那样批量生产，这就形成了它的单件性。

1.1.2　建筑施工的特点

建筑施工的特点很大程度上取决于其生产的最终产品。建筑施工有以下特点：

（1）建筑产品的固定性和单件性决定建筑产品施工要在限定的地点（即工地）上进行，使建筑施工具有个别性、流动性的特点。各类建筑工人和各种施工机械均在此工地上进行操作。在有限的时间、空间上，要想发挥工人和施工机械的最大工效，避免相互之间的矛盾，使施工进程有条不紊，必须应用先进的技术和方法，编制出合理的施工计划，并用它来协调各方面在空间和时间上的关系，处理好各方面的矛盾，否则很难做到有节奏地、顺利地、科学地进行施工。对拥有数百、上千甚至上万名建筑工人的大型建设工程，编制合理的施工计划尤为必要。

（2）建筑产品体量庞大，一般置于露天环境下，形成建筑施工劳动密集、工期长、露天作业、受气候影响大的特点。建筑业是劳动密集的行业，必须重视计划的平衡和优化。由于建筑产品体积庞大，需消耗的物资种类多、数量大，而且生产周期较长，施工期占用的资金多，特别是耗用劳动力多，因此，在组织建设工程的施工时，必须重视劳动力、资源、资金的综合平衡，应按照企业现有的或可能得到的人力、物力、财力来编制施工计划，并尽力达到资源、成本与工期的优化。

（3）建筑施工的系统性与灵活性。一项建设工程是由许多工种来完成的，一个工种的施工可采用不同的施工方法、不同的施工机械与设备来完成。同样，材料和物资的供应也有数种运输方式和若干种运输工具。工程施工组织还涉及仓库、附属加工企业（如混凝土搅拌站、预制加工厂、木工厂、钢筋车间等）、运输、机修、后勤以及生活等设施。因此，施工组织是一个系统工程，应从全局出发，局部服从全局。此外，不同的建筑施工地点，其地质、气候、环境、施工条件等也不一样，因此在组织施工时应考虑一定的灵活性。施工系统性与灵活性的结合是组织工程施工的特点，施工的组织者应充分运用“系统工程”的思想与方法，正确地处理施工中的各种矛盾。

（4）必须重视建筑施工的各项辅助工作。在工程施工中，除直接建造建筑产品的生产活动（如砌墙、浇筑混凝土等）以外，在施工工地上尚有许多辅助工作，如建材、物资的供应和运输，成品、半成品制作，施工机械设备的供应和维修，施工用水、电、气的供应和铺设管网，仓库管理，临时办公及生活福利设施的修建等。这些辅助工作是工程施工的保证，必须妥善安排。

在工程施工前要先确定好施工部署，选择好正确的施工方法和施工机械，编制好合理的施工进度计划，确定并配备好各种劳动力、施工机械，计算出各种资源、设备、成品、半成品的需要量并确定其来源，计算出现场所需要的仓库、预制场、附属加工企业、办公和生活等临时用房的面积并合理布置它们的位置，确定并设计现场运输路线、管线等，做好一切开工前的准备工作。

需要强调的是，施工组织设计文件并非一成不变，在贯彻执行过程中，当某些施工条件或自然条件发生了变化，以及产生意外情况时，必须结合实际情况及时地加以补充、修改和调整。这种调整和补充是在最初的施工组织设计基础上进行的，因此，必须重视最初施工组织设计文件的编制工作，而且要认真做好施工组织设计的贯彻执行工作。

1.2　施工准备工作

建设项目施工前的准备工作是保证工程施工与安装顺利进行的重要环节，它直接影响工程建设的速度、质量、生产效率以及经济效益，因此，必须予以重视。施工准备工作是为各个施工环节在事前创造必需的施工条件，这些条件是根据细致的科学分析和多年积累的施工经验确定的。制订施工准备工作计划要有一定的预见性，以利于排除一切在施工中可能出现的问题。

施工准备工作不是一次性的，而是分阶段进行的。开工前的准备工作比较集中并很重要，随着工程的进展，各个施工阶段、各分部分项工程及各工种施工之前，也都有相应的准备工作。准备工作贯穿于整个工程建设的全过程，每个阶段都有不同的内容和要求，对各阶段的施工准备工作应指定专人负责和逐项检查，切忌有施工准备工作一劳永逸的思想。

在施工组织设计文件中，必须列入施工准备工作占用的时间，对大型或技术复杂的工程项目，要专门编制施工准备工作的进度计划。

1.2.1　技术准备工作

工程施工前，在技术上需要准备的工作有下列几项：

1. 熟悉和审查施工图以及有关设计文件

施工人员阅读施工图纸绝不能只是“大致”了解，而应对图上每一个细节都应彻底了解其设计意图，否则必然导致施工的失误。施工人员参加图纸会审有两个目的：一是了解设计意图并向设计人员质疑，询问图纸中不清楚的部分，直到彻底弄懂为止；二是对图纸中的差错及不合理的部分或不符合国家制定的建设方针、政策的部分予以指出，并提出修改意见供设计人员参考。

施工图中的建筑图、结构图、水暖电管线及设备安装图等，有时由于设计时配合不好或会审不严而存在矛盾，此外，在同一套图的先后图纸中也可能存在图形、尺寸、说明等方面的矛盾。遇到上述情况，施工人员必须提请设计人员作书面更正或补充，决不能“想当然”地或自作主张擅自更改。

2. 掌握地形、地质、水文等资料

施工前编制施工组织设计的人员，要到现场实地调查地貌、地质、水文、气象等资料，还要对建设地区的社会、经济、生活等进行调查和分析研究。编制人员要掌握施工现场的第一手资料，并在施工组织设计文件中反映和妥善处理与实际结合的问题。

3. 编制施工组织设计

施工组织设计本身就是施工准备工作的主要文件，所有施工准备的主要工作，均集中反映在施工组织设计之中。欧美一些国家把我国施工组织设计的内容称为施工准备工作文件，例如德国的施工准备工作文件有三个特点：一是密切结合实际；二是有权威性，在工程备料、配备设备及实施的施工方法中，务必遵照执行经审批的施工准备工作文件；三是编入施工准备工作文件中的施工方案、设备选用等，均需进行技术经济分析，从中选择最优方案。

我国的建筑企业也十分重视施工组织设计，有些建筑企业严格规定，没有施工组织设计，工程不得开工。

关于施工组织设计的内容，将在以后的各章中分别详述。

4. 编制施工预算

在施工图预算的基础上，结合施工企业的实际施工定额和积累的技术数据资料编制施工预算，作为本施工企业基层工程队对该建设项目内部经济核算的依据。施工预算主要是用来控制工料消耗和施工中的成本支出。根据施工预算的分部分项工程量及定额工料用量，在施工中对施工班组签发施工任务单，实行限额领料及班组核算。

当前，多数建筑企业还没有建立和积累本企业的施工定额，绝大多数的施工预算都是应用地区施工定额编制的。编制施工预算要结合拟采用的施工方法、技术措施和节约措施进行。在施工过程中要按施工预算严格控制各项指标，以促进降低工程成本和提高施工管理水平。

施工预算是建筑企业内部管理与经济核算的文件。如果应用电子计算机编制预算，根据施工图纸将工程量一次输入，然后应用预算定额（或单位估价表）、地区施工定额及本企业的施工定额这三种数据库文件，即可输出三种不同的预算，即施工图预算、施工预算及本企业实际的工料、成本分析。根据这些预算文件再在施工过程中进行严格控制，实行限额领料、限额用工和成本控制，必然会降低工程造价、提高企业效益。因此，编制施工预算是施工准备中的重要工作。

1.2.2 施工现场准备工作

在工程开工前，为了给施工创造条件，必须做好以下准备工作：

1. 做好“三通一平”

“三通一平”是指在建设工程用地的范围内修通道路、接通水源、接通电源及平整场地。对于一个建设项目，尤其是大中型建设项目而言，“三通一平”的工程量较大，为了尽早开工，在不影响施工的情况下，“三通一平”工作可以分段分批完成，不必强调非全部完成后才能开工。另一方面也要防止借故拖延“三通一平”，给工程施工造成困难，应根据实际情况和条件，妥善安排。

修筑临时道路可结合永久性道路提前修筑。此外，还要考虑场外的运输道路和桥涵的修筑或加固，必要时还要考虑设置转运站等中转仓库。要重视施工场地的排水问题，特别要注意安排好雨季、暴雨时的排洪措施，在雨季到来之前修好排洪沟、泄水洞、挡土墙等工程。也可考虑在雨季到来之前事先运入材料。如果利用水路运输，在航道封冻之前应将材料基本运到。

施工用电要考虑到最大负荷的容量，如果供电系统不能满足需求时，还要考虑自行发电或其他措施。

另外还要考虑建筑垃圾、弃土的清除，载重运输汽车开往城市工地的通道，避免施工排水堵塞城市下水道的措施，以及估计到打桩对邻近建筑物将产生的不良影响等。

2. 建造好施工用的临时设施

施工用临时设施有临时仓库、车库、办公室、宿舍、休息室、食堂、施工附属设施（各种加工厂、搅拌站等），应本着节约原则，合理计算需要的数量，在工程开工前建造好。

3. 工程定位

施工人员在开工前要先确定建筑物在场地上的位置。确定位置的方法是根据建筑物的坐标值或根据它与原有建筑物、道路或征地红线坐标点的相应距离来测设并进行复核。建筑物、管道及地坪的标高根据竖向设计来确定，在工地上要设置平面控制点及高程控制点。

1.2.3　物资与施工机械的准备工作

施工管理人员需尽早计算出各阶段对材料、施工机械、设备、工具等的需用量，并说明供应单位、交货地点、运输方法等，特别是对预制构件，必须尽早从施工图中摘录出构件的规格、质量、品种和数量，制表造册，向预制加工厂订货并确定分批交货清单和交货地点。对大型施工机械、辅助机械及设备要精确计算工作日并确定进出场时间，做到进场后立即使用，用毕立即退场，提高机械利用率，节省机械台班费及停留费。

物资准备的具体内容有：① 对主要材料尽早申报数量、规格，落实地方材料来源，办理订购手续，对特殊材料需确定货源或安排试制。② 提出各种资源分期分批进入现场的数量、运输方法和运输工具，确定交货地点、交货方式（例如水泥是袋装还是散装）、卸车设备，各种劳力和所需费用均需在订货合同中说明。③ 订购生产用的工业设备时，要注意交货时间与土建进度密切配合，因为某些庞大设备的安装往往要与土建施工穿插进行，如果土建全部完成或封顶后，安装会有困难，故各种设备的交货时间要与安装时间密切结合，它将直接影响建设工期。④ 尽早提出预埋铁件、钢筋混凝土预制构件及钢结构的数量和规格，对某些特殊的或新型的构件需要进行研究和试制。⑤ 安排进场材料、构件及设备等的堆放地点，严格验收、检查、核对其数量和规格。⑥ 施工机械、设备的安装及调试。

1.2.4 施工队伍准备

根据工程项目，核算各工种的劳动量，配备劳动力，组织施工队伍，确定项目负责人。对特殊的工种需组织调配或培训，对职工进行工程计划、技术和安全交底。

施工准备工作是根据施工条件、工程规模、技术复杂程度来制订的。对一般的单项工程需具备以下准备工作方能开工。

（1）工程项目已纳入年度计划并已取得开工许可证。

（2）施工图经过会审，并对存在的问题已作修正，所编制的施工组织设计已批准，施工预算已编制完毕。

（3）“三通一平”已能满足工程开工的要求，材料、成品、半成品、设备能保证连续施工的需要。

（4）开工后立即需要使用的施工机械、设备已进场并能保证正常运转。工地上的临时设施已基本满足施工与生活的需要。

（5）已配备好施工队伍，并经过必要的技术安全教育，工地消防、安全设施具备。

1.3 施工组织设计概念

1.3.1 施工组织设计的任务与作用

作为国民经济中的一个独立的物质生产部门，建筑业已成为我国国民经济中重要的支柱产业，担负着当前国家经济发展与工程建设的重大任务。建筑施工是工程建设的重要组成部分，是在工程建设中历时最长，耗用物资、财力及劳动力最多的一个阶段。因此，在工程建设项目施工前必须做好一切准备工作，“施工组织设计”就是准备工作中的一项重要文件。在基本建设的各个阶段中，必须编制相应的施工组织设计文件，并且要经过有关部门的审核、签证后方能施工，即工程建设必须遵循经批准的“施工组织设计”。施工组织设计的内容与任务，在本书中将全面、系统地讨论与介绍。

我国基本建设程序中把施工组织设计作为必要的文件。我国第一个五年计划期间，在某些大中型工业建设工程中，开始推行施工组织设计，并取得了较大的成效。从此以后，“建筑施工组织设计”在我国逐渐全面推广。新中国成立以来，经历无数建设工程项目的实践考验和革新，以往不少陈旧的、传统的规程、文件、方法在不断改革中得到更新、发展或否定。唯独“施工组织设计”在工程建设中始终得到肯定和使用，被公认是施工中不可缺少的、必须遵循的技术经济文件。无数实践证明，它绝不是一种形式，而是切实必要的文件。没有施工组织设计或施工组织设计编制得不好、审核得不严，都将给工程建设带来种种损失，并使质量、工期、安全得不到保证。经过60年多来的工程实践，我国已积累了丰富的经验，使“施工组织设计”日趋充实、完善，并增加了许多现代的先进科学技术。

施工组织设计文件是实践中总结出来的经验，也是工程施工中必须遵循的客观规律，任何违背这种规律的做法，必然会延缓施工速度，且难以保证工程质量与施工安全，造成施工中人力、物力的浪费，直接影响国民经济建设的成效。因此，研究建筑施工组织设计的理论及其在实际工程建设中的应用，有重要意义。

施工组织设计是指导拟建工程施工全过程的基本技术经济文件，它对工程施工的全过程进行规划和部署，制定先进合理的施工方案和技术组织措施，确定施工顺序和流向，编制施工进度，计划各种资源的需要和供应，合理安排现场平面布置。总体的施工组织设计是实施建设项目的总的战略部署，如同作战的总体规划，对项目的建设起控制作用。一个具体的建筑物单体的施工组织设计，是单个工程项目施工的战术安排，对工程的施工起指导作用。以上两者总称为建设项目的施工组织设计。

施工组织设计是长期工程建设实践的总结，是组织建筑工程施工的客观规律，必须遵照执行，否则必然导致损失，如产生拖延工期、质量不符要求、停工待料、施工现场混乱、材料物资浪费等现象，甚至出现安全事故。

要完成一个建设项目都要考虑需要原材料、施工方法、设备工具、工期、成本，对这些问题科学地、有条理地加以安排，才能获得好的效果，特别要安排好劳动力、材料、设备、资金及施工方法这五个主要的施工因素。在特定条件的建筑工地上和规定工期的时间内，如何用最少的消耗，取得最大的效益，也就是使工程质量高、功能好、工期短、造价低并且是安全、文明施工，这就需要很好地总结以往的施工经验，采用先进的、科学的施工方法与组织手段，合理地安排劳力和施工机械，通过吸收各方面的意见，精密规划、设计、计算，进行分析研究，最后得出的一个书面文件，就是建设项目的施工组织设计。由此可见，施工组织设计的任务就是根据建设工程的要求、工程实际施工条件和现有资源量的情况，拟订出最优的施工方案，在技术和组织上做好全面而合理的安排，以保证建设项目优质生产、经济和安全。

由于建设项目的类型各异，建造的地点与施工条件不同，工期的要求亦不一样，因此施工方案、进度计划、施工现场布置、各种施工业务组织也不相同。施工组织设计就是在这些不同因素的特定条件下，拟订若干个施工方案，然后进行技术经济比较，从中选择出最优方案，包括选用施工方法与施工机械最优、施工进度与成本最优、劳动力和资源组织最优、全工地性业务组织最优以及施工平面布置最优等。只有遵照我国的基建方针政策，并从实际条件出发，才能编制出切合实际的施工组织设计。

编制一个好的施工组织设计，并在工程施工中切实贯彻落实，就能协调好各方面的关系，统筹安排各个施工环节，使复杂的施工过程有条理地按科学程序进行，也就必然能使建设项目取得各种好指标。由此可见，建设项目的施工组织设计编制得成功与否，直接影响基本建设投资的效益，它对我国国民经济建设有深远的意义。

1.3.2 施工组织设计的种类

施工组织的目的是最有效、经济合理、有节奏、文明、安全地组织工程项目的施工，并正确贯彻国家建设方针政策和技术经济政策。从建设工程项目全局出发，从技术和经济的统一性出发，力求达到在技术上是先进的、在经济上是合理的，并以最少的消耗取得最大的效益，从而保质、保量、迅速、安全地实现工程项目。

施工组织设计是在工程项目施工前必须完成并经审核批准的文件，是包括施工准备工作在内的，对工程项目施工全过程的控制性、指导性、实施性文件。在工程建设的各个不同阶段，要提出相应的施工组织设计文件。如在初步设计阶段，对整个建设项目或民用建筑群编制施工组织总设计，目的是对整个项目的施工进行通盘考虑、全面规划，用以控制全场性的施工准备和有计划地运用施工力量，开展施工活动。其作用是确定拟建项目的总施工期限、施工顺序、主要施工方法、各种临时设施的需要量及现场总的布置方案等，并提出各种技术物资资源的需要量，为施工准备创造条件。在施工图设计阶段，对单位工程编制单位工程施工组织设计，它是用以直接指导单位工程或单项工程施工的文件，具体安排人力、物力和建筑安装工作，是施工单位编制作业计划和制订季（月）度施工计划的重要依据。对某些特别重要的和复杂的，或者缺乏施工经验的分部工程（如复杂的基础工程、特大构件吊装工程、大型土石方工程等），还应为该分部工程编制专门的、更为详尽的施工作业设计。

施工组织总设计是对整个建设项目的通盘规划，是以施工项目为对象编制的，用以指导施工的技术、经济和管理的综合性文件，是带有全局性的技术经济文件。因此，应首先考虑和制订施工组织总设计，作为整个建设项目施工的全局性指导文件。在总的指导文件规划下，再深入研究各个单位工程，对其中的主要建筑物分别编制单位工程的施工组织设计。就单位工程而言，对其中技术极复杂或结构特别重要的分部工程，还需要根据实际情况编制若干分部工程的施工作业设计。

工程项目施工组织、进行施工准备及编制施工组织设计，必然要涉及建筑企业的经营管理问题，并对建筑施工方案进行技术经济效果评价，以选择最优的施工方案。此外还要在全面了解各种建筑施工技术方案的条件下，结合实际，对所提出的施工方案进行比较。对施工方案进行技术经济效果比较、优化是编制施工组织设计的重要组成部分。

要组织好一项工程的施工，施工管理人员和基层领导，必须注意了解各种建筑材料、施工机械与设备的特性，懂得房屋及构筑物的受力特点、构造和结构，能准确无误地看懂施工图纸，并掌握各种施工方法。这样才能做好施工管理工作，才能选择最有效、最经济的方法来组织施工，才能获得最优效果。

建筑施工组织设计文件的编制工作，可广泛运用数学方法、网络技术和计算技术等定量方法，借助现代化的计算手段——电子计算机来处理，将长年累月积累的各种技术经济资料进行归纳、分析、总结，并对工程进度、工期、施工方法等进行技术经济方案比较，选择最优方案，作为同类建筑物施工组织的依据。

各施工单位应根据自身的条件和拥有的资料、数据，研制专用的“施工组织设计”软件，以简化编制施工组织设计工作。将施工组织设计与施工图预算、施工预算、签发任务单、成本控制、财务核算、工程决算等连成一个工程项目的软件包，就能实现施工组织设计和施工组织管理的现代化，提高施工组织设计的编制水平和实施效果。

施工组织设计的定型化、标准化是本学科研究的另一新课题。在收集各种类型建筑工程施工的技术经济数据的基础上，总结施工经验，归纳出最优的施工方案，供编制各类建筑工程的标准施工组织设计参考。编制标准施工组织设计可以节省分别编制各工程项目施工组织设计的时间，并能提高施工组织设计的质量。

根据基本建设各个不同阶段建设工程的规模、工程特点以及工程的技术复杂程度等因素，可相应地编制不同深度与各种类型的施工组织设计。因此，施工组织设计是一个总名称，其按编制对象可分为施工组织总设计、单位工程施工组织设计和施工方案。

1. 施工组织条件设计

施工组织条件设计是对拟建工程，从施工角度分析工程设计的技术可行性与经济合理性，同时作出轮廓的施工规划，并提出在施工准备阶段首先要进行的工作。施工条件设计是初步设计的一个组成部分，主要由设计单位进行编制。

2. 施工组织总设计

施工组织总设计是以若干单位工程组成的群体工程或特大型项目为主要对象编制的施工组织设计，对整个项目的施工过程起统筹规划、重点控制的作用。施工组织总设计的目的是对整个工程施工进行通盘考虑、全面规划，用来指导全场性的施工准备和有计划地运用施工力量，开展施工活动。其作用是确定拟建项目的施工期限、施工顺序、主要施工方法、各种临时设施的需要量及现场总的布置方案等，并提出各种技术物资的需要量，为施工准备创造条件。施工组织总设计应在扩大初步设计批准后，依据扩大初步设计和现场施工条件，由建设总承包单位组织编制。当前对新建的大型工业企业的建设，有以下三种情况：一种是成立工程项目管理机构，在工程项目经理领导下，对整个工程的规划、可行性研究、设计、施工、验收、试运转、交工等负全面责任，并由这个机构来组织编制施工组织总设计；另一种是由工程总承包单位（或称总包）会同并组织建设单位、设计单位及工程分包单位共同编制，由总包单位负责；第三种是当总包单位并非是一个建筑总公司，没有力量来编制施工组织总设计时，由建设单位委托监理公司来编制施工组织总设计。

3. 单位工程施工组织设计

单位工程施工组织设计是以单位（子单位）工程为主要对象编制的施工组织设计，对单位（子单位）工程的施工过程起指导和制约作用。它是在施工组织总设计和施工单位的施工部署的指导下，具体安排人力、物力和建筑安装工作，是施工单位编制作业计划和制订季度或月施工计划的重要依据。单位工程施工组织设计是在施工图设计完成并经过会审以后，以施工组织总设计、施工图和施工条件为依据由施工承包单位负责编写。

4. 分部分项工程施工条件设计（也称为施工方案）

规模较大或结构复杂的单位工程，在工程施工阶段对其中某些分部工程，如大型设备基础、大跨度的屋盖吊装、有特殊要求的工种工程或大型土方工程等，在以上分部工程施工前，应根据单位工程施工组织设计来编制施工作业设计。

施工方案是以分部（分项）工程或专项工程为主要对象编制的施工技术与组织方案，用以具体指导其施工过程。这是对单位工程施工组织设计中的某项分部工程更深入细致的施工设计，只有在技术复杂的工程或大型建设工程中才需编制。分部工程的施工作业设计是根据单位工程施工组织设计中对该分部工程的约束条件，并考虑其前后相邻分部工程对该分部工程的要求，尽可能为其后的工程创造条件。对一般性建筑的分部工程不必专门编制作业设计，只需包括在单位工程施工组织设计中即可。尤其是对常规的施工方法，施工单位已十分熟悉的，只需加以说明即可。总之，一切从实际需要和效果出发。施工组织设计的深度与广度应随不同施工项目的不同要求而异。根据住房和城乡建设部颁布的《危险性较大的分部分项工程安全管理规定》中的要求，凡是在工程建设中出现危险性较大的分部分项工程时，必须编制危险性较大的分部分项工程专项施工方案，对于超过一定规模的危大工程，施工单位应当组织召开专家论证会对专项施工方案进行论证。

1.3.3 施工组织设计的内容

各种类型施工组织设计的内容是根据建设工程的范围、施工条件及工程特点和要求来确定的，这是就施工组织设计的深度与广度而言。施工组织设计应包括编制依据、工程概况、施工部署、施工进度计划、施工准备与资源配置计划、主要施工方法、施工现场平面布置及主要施工管理计划等基本内容。

1. 建设项目的工程概况和施工条件

施工组织设计的第一部分要将本建设项目的工程情况作简要说明，有如下内容：

工程简况：结构形式、建筑总面积、概（预）算价格、占地面积、地质概况等。

施工条件：建设地点、建设总工期、分期分批交工计划、承包方式、建设单位的要求、承建单位的现有条件、主要建筑材料供应情况、运输条件及工程开工尚需解决的主要问题。

对上述情况要进行必要的分析，并考虑如何在本施工组织设计中作相应的处理。

2. 施工部署及施工方案

施工部署是施工组织总设计中对整个建设项目全局性的战略意图；施工方案是单

位工程或分部工程中某项施工方法的分析，例如某现浇钢筋混凝土框架的施工，可以列举若干种施工方案，对这些施工方案耗用的劳动力、材料、机械、费用以及工期等在合理组织的条件下，进行技术经济分析，从中选择最优方案。

3. 施工进度计划及施工准备与资源配置计划

应用流水作业或网络计划技术，根据实际条件，合埋安排工程的施工进度计划，使其达到工期、资源、成本等优选。根据施工进度及建设项目的工程量，可提出劳动力、材料、机械设备、构件等的资源配置计划。

4. 施工总平面布置

在施工现场合理布置仓库、施工机械、运输道路、临时建筑、临时水电管网、围墙、门卫等，并要考虑消防安全设施。最后设计出全工地性的施工总平面图或单位工程、分部工程的施工总平面布置图。

5. 主要施工管理计划

这是施工组织设计所必须考虑的内容，应结合工程的具体情况拟订出保证工程质量的技术措施和安全施工的安全措施。

6. 施工组织设计的主要技术经济指标

这是衡量施工组织设计编制水平的一个标准，它包括劳动力均衡性指标、工期指标、劳动生产率、机械化程度、机械利用率、降低成本等指标。

复习思考题

1. 简述建筑产品和建筑施工的特点。
2. 简述施工准备的工作内容。
3. 简述施工组织设计的任务和作用。
4. 简述施工组设计的分类和内容。

第 2 章 流水施工基本原理

流水施工是施工企业普遍采用的一种科学的施工组织方法。建筑工程流水施工与工业企业的生产流水线本质是相同的，其区别在于：工业企业的各加工件（即劳动对象）由前一工序向后一工序移动，而生产者固定在自己的工作地点上；而建筑流水施工的劳动对象（即各分部分项工程）是固定的，各专业施工队伍由第一施工段向后一施工段流动，这是由建筑产品体量巨大的特点决定的。

2.1 流水施工的基本概念

2.1.1 工程进度计划的表示方法

任何一个建筑工程都是由许多施工过程组成的，各活动之间存在先后关系、相互配合的关系及其他逻辑关系。在时间和空间上存在穿插和搭接关系。在组织施工时要求明确这些施工过程的关系，清楚地掌握每项施工过程在时间和空间上所处的位置。因此必须在施工以前制订指导施工进展的计划，反映出各活动的先后顺序、相互配合关系以及在时间、空间上的进度情况，这个计划即是工程进度计划。工程进度计划的表示方法有线条图和网络图。线条图分为横道图和斜线图，反映各施工过程的先后顺序和配合关系（图 2.1）。其中横道图绘制简单，形象直观，因而应用普遍；斜线图中各施工过程的斜率反映出施工速度；网络图将在下一章专门讲述。

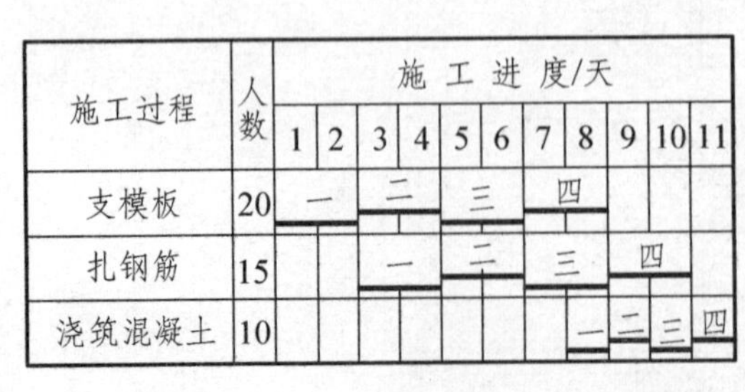

（a）横道图

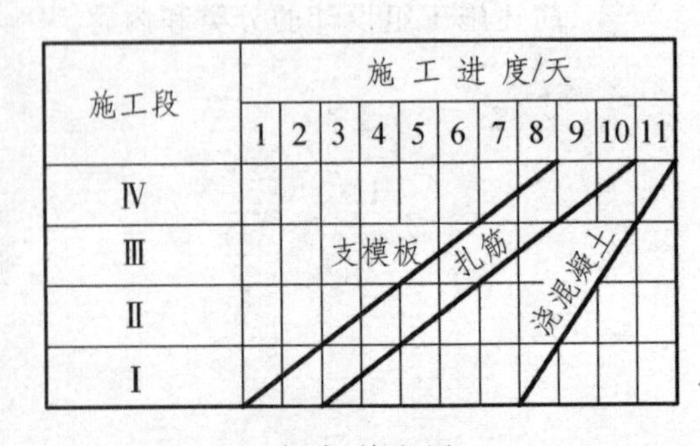

（b）斜线图

图 2.1 某钢筋混凝土工程流水施工线条图

2.1.2　流水作业施工的特点

为弄清楚流水施工特点，我们将流水施工组织方式与其他施工组织方式进行对比，主要以工作面、工期、施工队伍人数（资源需求量）及施工过程的连续性等方面进行比较。

1. 依次施工

将图 2.1（a）改为图 2.2（a）或图 2.2（b）即为依次施工横道图。

施工过程	人数	施工进度/天																			
		1	2	3	4	5	6	7	8	9	10	11	12	13	14	15	16	17	18	19	20
支模板	20	一		二		三		四													
扎钢筋	15									一		二		三		四					
浇筑混凝土	10																	一	二	三	四

（a）按施工过程依次施工

施工段	施工进度/天																			
	1	2	3	4	5	6	7	8	9	10	11	12	13	14	15	16	17	18	19	20
一	模		筋		砼															
二						模		筋		砼										
三											模		筋		砼					
四																模		筋		砼

（b）按施工段依次施工

图 2.2　依次施工

依次施工是将各施工过程（或施工段）依次开工，完工后再施工下一个施工过程（或施工段）。对图 2.2 进行分析，可看出其特点：

（1）任一单位时间内投入的劳动力（资源）较少，任一时间内仅有 1 个施工队伍施工，因此施工现场管理简单。

（2）任一单位时间内只有一个施工段在施工，多数施工段处于闲置，实际增加了相邻施工过程的时间间隔，工期增长。

（3）图 2.2（a）按施工过程施工，同一施工段相邻施工过程存在间隙、不连续；图 2.2（b）按施工段施工，同一施工过程相邻施工段存在间隙，不连续。这都会使工期增长。

（4）在总工期内，按施工过程施工的劳动力（资源）需求连续但不均衡，按施工段施工既不连续也不均衡。

（5）总工期较长。

需注意的是，对于多层建筑主体施工，由于低层全部施工完成后，才能为施工上一自然层提供工作面，因而不能采用按施工过程施工。

2．平行施工

如图 2.3 所示，平行施工是某一施工过程的不同班组同时在不同施工段上展开工作，由于施工过程的先后顺序，不在同一施工段上同时开展存在先后的施工过程，否则会造成现场混乱。

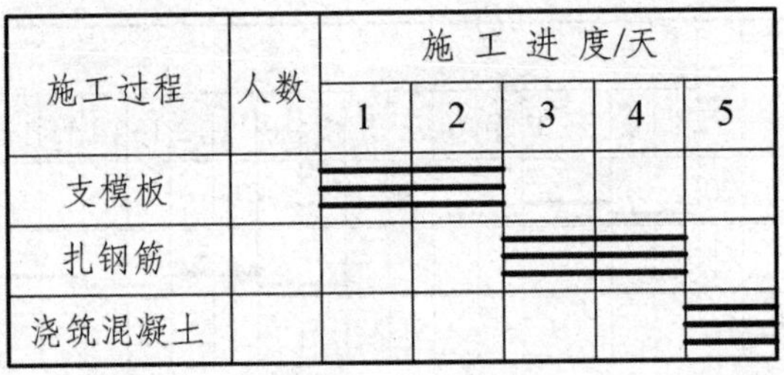

施工过程	人数	施工进度/天				
		1	2	3	4	5
支模板						
扎钢筋						
浇筑混凝土						

图 2.3　平行施工

平行施工具备以下特点：

（1）工期短，能充分利用工作面。

（2）工作人数成倍增加，导致资源集中消耗，专业施工人数剧增，有可能工作面不够，影响工人生产效率的发挥。

（3）对于多层建筑主体结构施工，不能同时提供所有工作面。

3．流水施工

由图 2.1 可知，流水施工保证了专业施工队伍的连续性和资源需求的连续性和均衡性，工期适中。从图中可以看出，每个专业施工队伍仅在一个施工段上施工，而任一施工段仅有一个专业施工队伍，这样利于现场管理。流水施工克服了平行施工和依次施工的不足，保留了它们的优点。

流水施工是将拟建工程在平面上划分为若干个工程量基本相等、相对独立的施工段落（施工段），作为各专业施工队在空间上发生转移时的明确分界，每个施工过程由相应的专业施工队伍依次在不同施工段上完成工作任务，各施工过程在同一施工段上保持一定时间间隔。将图 2.1 中各施工过程相应专业队伍的持续时间连在一起，可看出流水施工是搭接施工，因此在多数时间内，是各个施工队伍同时施工，通过划分施工段后，各施工队伍有独立的施工段，因而不至于造成现场混乱。这种分段作业、搭接施工称为流水施工。

流水施工使建筑工程施工生产有节奏、连续而均衡地进行，在时间和空间上通过合理的技术组织，经济效果明显，具有以下特点：

（1）流水施工各专业施工队伍自始至终从事某一项专业生产活动，有利于总结工作中的经验教训，提高工作质量、工程质量和劳动生产率。专业化施工也为施工任务的安排、现场管理提供了方便。

（2）各施工过程的相应施工队伍连续施工，通过划分施工段后进行恰当的搭接，减少了停工、窝工的损失。

（3）由于工程施工的连续性和均衡性，使劳动力（资源）需求相对平衡，有利于充分发挥劳动力、设备的作用，提高管理水平，降低工程成本。

（4）充分利用场地内的空间，使工期相对较短。

施工现场管理涉及人员、材料、机具、设备、技术、资金、质量、安全、成本以及环境的影响，其复杂程度使工程施工的组织管理与实际情况有所差异，但并不妨碍我们运用流水施工的基本原理，相反，对流水施工原理认真分析，更利于将其用于指导现场施工。

2.1.3　施工活动的分类

在建筑工程施工中采用流水作业的方法，首先要把工程对象的施工活动按施工发展的阶段或采用专业工种的不同分解成若干个施工过程。根据组织流水范围的大小和活动细分的程度，施工过程可以是专业工程、分部工程、分项工程或者工序。施工活动分解深度不同，编制的建筑流水施工计划的作用也不同。

组织建设项目流水施工时，按工程专业性质、类别分解成各个专业工程：房屋建筑工程、道路工程、给水工程、排水工程、电气工程、暖通工程、绿化工程等。各个专业工程之间组织流水施工。

组织单位工程流水施工时，按专业工程对象的各个工程部位（或施工阶段）分解成若干个分部工程，如房屋建筑工程的基础工程、主体结构工程、装饰工程、屋面工程等。各个分部工程由多种工种完成，因此，分部工程间的流水具有较强的综合性。

建设项目和单位工程的施工活动分解比较粗，其流水施工计划具有指导性的作用。

组织分部工程的流水施工时，按施工顺序分解成若干个分项工程，例如基础工程分解为挖土、浇筑钢筋混凝土基础、砌筑基础墙、回填土等。各个分项工程的流水施工中，某些分项由多种工种实现，有一定的综合性。但由于分项较细，可以指出各个分项工程的施工顺序。此流水施工计划具有控制作用。

组织某些多工种综合施工过程的分项工程的流水施工时，按专业工种不同将分项工程分解成若干个由专业工种施工的工序，例如钢筋混凝土施工的支模板、绑扎钢筋、浇筑混凝土等，对工序组织流水施工。此时，施工活动的分解最彻底，每个工序具有独立性，彼此之间相互依附、制约。这种分解深度的流水施工计划具有实施作用。

建筑工程施工可以分解为各种各样不同工艺特征的施工过程，但只有那些对工程施工进程有直接影响的施工过程才组织流水施工。这样才有利于缩短工期和全工地的劳动力、材料、机械的综合平衡和现场管理。为此，必须分析施工活动的工艺特征。

分解后的施工活动可以分为四大类：

1. 安装、浇筑和砌筑类

这类施工是主要施工过程，直接构成了工程对象的形体，必须在施工对象（施工段）上开展施工。这类施工过程直接影响工程施工的工期，并为后续施工过程提供工作面，必须以它们为主，组织流水施工。

2. 加工和制作类

工业化、工厂化施工提供了在施工现场之外进行加工制备建筑产品的有利条件。这些施工活动可以不占施工现场和不影响工程工期。但是，当加工制备必须在施工现场进行时，它就直接影响到工程的进程，例如大型钢筋混凝土构件的现场预制、网架结构的分件组装等，就成为主要施工过程。

3. 运输类

运输分为场外运输和场内运输。把建筑材料及其制品、半成品运入现场中转仓库（或堆场）为场外运输；把建材制品、半成品由现场中转仓库（或堆场）转运到施工操作地点为场内运输。由于场内运输随相应的主要施工过程开展，如浇注混凝土时的运混凝土等，没有独立性，不作为单独的施工过程组织流水施工，归入相应的主要施工过程。场外运输在时间、空间上跨越的范围大，一般也不作为单独的施工过程组织流水施工。但是，当在施工现场没有设置中间转运仓库时或者现场暂存位置有限时，场外运输就要与相应的主要施工过程一起开展，应归入相应的主要施工过程（如随运随吊），或者作为一个单一施工过程组入主要施工过程的流水施工，例如多层装配式构件的分层进场。

4. 土方和脚手架搭设类

土方开挖和脚手架搭设都具有竖向展开的工艺特性，但是并不构成工程对象的本身，然而它们又和加工制备不同，必须在施工现场进行，在时间和空间的展开上与相应的主要施工过程密切相关。当和主要施工过程交替展开时，则归入主要施工过程，例如砌墙和脚手架并在一起，作为一个综合过程。当它作为主要施工过程的前导施工过程时，则可作为单一的施工过程，组入流水作业，如大面积基础混凝土浇筑前的架空马道搭设。

2.2 流水施工参数

组织流水施工时用于描述各施工过程在时间、空间上的相互关系，以及施工进度计划图的各种数量关系的参数，称为流水施工参数。其按性质分为工艺参数、时间参数和空间参数。

2.2.1　工艺参数

1. 施工过程数

施工过程数是指参与到流水施工当中的施工过程数，用 n 表示。需要指出的是，这里的施工过程是广义的，是流水施工在工艺上开展状况的有关过程，并不仅指组成分项工程的施工过程，准确地讲应是一次施工活动（本章以后仍称施工过程）。施工过程个数的多少，涵盖内容的大小由以下因素决定：

1）工程进度计划的作用

（1）编制指导作用的进度计划时，施工过程是指大型建设项目的专业工程，如给排水工程、道路工程、房屋建筑工程等，或者是单位工程的各分部工程，如基础工程、主体工程、装饰工程等。

（2）编制控制作用的进度计划时，施工过程指分部工程中按施工顺序分解而成的分项工程，如基础工程的挖土方、基础的回填土等。

（3）编制实施作用的进度计划时，施工过程指独立的施工过程和组成分项工程的真正意义上的施工过程，如主体施工中的砌砖、支撑、轧钢筋、浇筑混凝土等。

2）施工方案

施工方案确定了施工顺序和施工方法，不同的方法有不同的施工过程划分，如一般现浇混凝土有支模板和浇筑混凝土两个施工过程。

3）劳动组合和劳动量

施工过程数还取决于班组专业划分的粗细和施工习惯。有的施工单位将脚手架和模板支设分成两个独立专业班组，专业划分细，而有些施工单位则习惯于将二者合一，专业划分相对较粗。

施工过程数也取决于劳动量的大小。某些工程量小的施工过程，为了满足最小劳动组合的人数，而使持续时间最短，可以并入其他施工过程中，专业工种工人也一并合并，形成混合班组，使流水施工简洁明了，利于管理。

个别工程量大的施工过程，组织均衡连续的流水施工有困难，或者因为班组人数太多，每个工人不具备足够的操作空间（工作面），而使效率降低，此时可增加专业工作队数。

2. 流水强度

流水强度（用 v 表示）是指每一施工过程在单位时间内所完成的工程量。对于具体的机械设备和专业工人，其台班定额和产量定额是一定的，工程量直接决定了台班数量和劳动量，而劳动量影响到每个施工段的工作持续时间、机械数量和专业工种人数。

1）机械施工过程

$$v = S \cdot P$$

$$P = R \cdot t$$

$$v = S \cdot R \cdot t \tag{2.1}$$

式中　v——机械施工工程量；

P——机械台班量；

S——机械台班产量定额：

R——机械台数；

t——机械施工持续间。

2）人工施工过程

$$v = \frac{P}{S}, \quad P = R \cdot t, \quad v = \frac{R \cdot t}{S} \tag{2.2}$$

式中　v——人工施工工程量；

P——工人劳动量；

S——工人产量定额；

R——班组工人数；

t——各施工段工作持续时间。

2.2.2　时间参数

1. 流水节拍

流水节拍是指每个施工过程中相应的专业工作队在各个施工段上完成工作的持续时间。当施工过程在各施工段上的持续时间不同时，用 t_{ij} 表示，其中：i（$i = 1, 2, \cdots, n$）为施工过程编号；j（$j = 1, 2, \cdots, m$）为施工段编号。

1）流水节拍的计算

对一个具体工程，施工段一旦确定，每个施工段的工程量便确定下来，流水节拍就直接影响机械、设备、材料、劳动力等资源的投入强度、工程工期的长短，以及施工节奏性。流水节拍一般由资源投入量和工期来确定。

（1）用总工期推算出大致的流水节拍，再根据式（2.3）和式（2.4）复核资源需求强度：

$$t_i = \frac{Q_i}{S_i \cdot R_i \cdot Z_i} = \frac{P_i}{R_i \cdot Z_i} \tag{2.3}$$

$$t_i = \frac{Q_i \cdot H_i}{R_i \cdot Z_i} = \frac{P_i}{R_i \cdot Z_i} \tag{2.4}$$

式中 Q_i——工程量；

H_i——时间定额；

Z_i——工作班制；

其余符号意义同前。

（2）用式（2.3）或式（2.4）计算流水节拍，再计算总工期。

2）确定流水节拍的因素

（1）总工期。参与流水施工的施工过程是工程总工期的重要决定因素，确定流水节拍时需考虑其对总工期的影响，如果不能满足工期要求，要考虑增加资源投入量。

（2）最小工作面。最小工作面是指一个班组或一个技术工人（或设备）能保证施工安全生产和充分发挥工作效能的工作场地的大小,决定着所安排的人员和设备数量。不能因为工期紧张而盲目增加人员和设备数量，否则会造成工作面不够而产生工作班内窝工，这种损失比工作班外窝工更大。

（3）最小劳动组合。最小劳动组合是指某个施工过程正常施工所必需的班组人数及合理的技术等级组合。它有数量和配置两方面的要求，如砌砖工程要按技工和普工进行配置，技工太多，会使个别技术去干技术含量低的工作，造成人才浪费；普工太多，主导操作工序人员不足，而多余普工要么不能发挥效力，要么做技工的操作而不能保证质量和速度。在数量方面，如预制空心板安装，需要一台吊车和一名司机，其他工人数量要能使吊车充分运行。

（4）工作班制。工作班制是某项施工过程在一天内轮流安排的班组次数。有一班制、二班制、三班制。工作班制安排除考虑流水节拍和工期外，还有组织管理、技术等方面的考虑。工期安排不很紧张，且在技术上无连续施工要求时，可采用一班制；工期紧时，工艺要求连续施工，或为了充分发挥设备效率时，可安排二班制，甚至三班制。需要指出的是，安排二班或三班制，涉及夜间施工，要考虑到照明、安全、扰民以及后勤辅助方面的成本支出。有时为了给后续工作创造条件，个别工程量小的关键施工过程要在夜间进行，尽管工作量小，其目的在于白天多数班组能全面开展工作，这些工作可以不在流水过程中表明出来，如砖混圈梁模板拆除，工程量小，夜间施工后，能保证次日预制板安装的时间和空间。另外，由于班组休息需要，增加工作班制，实质上增加了专业工作队，可以解决最小工作面不足的问题。

（5）机械台班定额和劳动定额。这是确定设备数量和班组人数的依据。机械设备数量变化程度相对较小，确定班组人数要考虑人机配套，使机械设备达到相应台班定额，又不超过其限度。

（6）为了便于现场管理、劳动安排，流水节拍应取整天，至少应取 0.5 天。

2. 流水步距

流水步距是两个相邻施工过程进入同一施工段的时间间隔，用 $B_{i,\ i+1}$ 表示。流水步距的数目取决于施工过程数 n，流水步距为 $n-1$ 个。

为保证每个施工段只有一个专业施工队伍，流水步距 $B_{i,\ i+1}$ 应大于 t_i，在满足该条件下，步距应尽量小，以使工期最短。

在组织流水施工时，各施工过程连续施工，只需确定某个施工段上相邻施工过程的最小步距，在后面的内容中，在没有特别说明时，流水步距均是指在第一个施工段上的最小步距。

确定流水步距的基本要求：

（1）专业施工队连续施工。流水步距的长度要保证各专业施工队进入某施工段能立即投入生产，不停工、不窝工，同时也不能使工作面闲置（技术上有要求时例外）。

（2）$B_{i,\ i+1}$ 应大于 t_i，以保证前一施工过程未完成时，下一施工过程不提前介入，但是个别情况下，为缩短工期，工艺条件许可时，次要施工过程可穿插或提前进入，形成短暂搭接，搭接时间用 t_d 表示，即 $t_{i,\ i+1}$。

（3）技术组织间歇。有些施工过程完成后，后续施工过程不能立即投入作业，需要留一定时间间隔，以满足工艺要求（养护等）和组织管理要求（隐蔽工程验收检查等）。技术组织间歇用 t_j 表示。目前对技术组织间歇有两种处理观点：一种是计算到流水步距中；另一种是单独计算。为了在以后组织流水施工计算时不产生混乱，本书仍把 t_j 考虑在流水步距以外，相邻施工过程先后进入一个施工段上的时间间隔为 $B_{i,\ i+1}+t_{i,\ i+1}$。

3. 施工过程流水持续时间

施工过程在工程对象各施工段上工作持续时间的总和，为施工过程流水持续时间 T_i：

$$T_i=\sum_{j=1}^{m}t_i^j \tag{2.5}$$

最后一个施工过程流水持续时间：

$$T_n=\sum_{j=1}^{m}t_n^j \tag{2.6}$$

T_n 在计算总工期时经常用到。

4. 流水施工工期

第一个施工过程在第一个施工段上开始施工到最后一个施工过程退出最后一个施工段施工的整段时间为流水施工工期 T_L，容易得到：

$$T_L=\sum B_{i,i+1}+\sum t_{i,i+1}^j+\sum t_{i,i+1}^d+T_n \tag{2.7}$$

2.2.3 空间参数

1. 工作面

工作面是指提供工人进行操作的工作空间，它是根据施工过程的性质按不同的单位计量的，如砌砖墙按长度计算。组织流水施工时，有在施工过程一开始就在长度和广度上形成工作面，如上方开挖，这种称为完整工作面。多数施工过程都是随工程进度而逐步形成的。一种是前导施工过程的结束就为后续施工过程的施工提供工作面，如道路、管道等线性工程；另一种是前后施工过程相互制约而又相互开拓工作面，如多层建筑主体结构的流水施工中最后一个施工过程需前导施工过程完成来提供工作面，而其本身的完成又为更高一层的前导施工过程提供工作面。这种存在相互开拓工作面的流水施工相对复杂，极有可能某些施工过程不连续施工。

在确定工作面时，要考虑前一个施工过程为这个施工过程能提供工作面的大小，也要注意安全和技术要求，以及工人能力的发挥和工作班内工作面闲置等因素。工作班内工作面闲置是指，某班组占用了施工段，但班组人数却不能在整个施工段上施工。

2. 施工段数

施工段数 m 是指工程对象在平面上划分的独立区段数目，施工段是各专业施工队伍在空间上发生转移的分界，每个施工段供一个专业施工队施工。划分施工段相当于将一个巨大的单一建筑产品分解成大致相同的批量产品，每个专业施工队伍负责不同的施工过程，类似于工厂化生产，具有重要意义。

划分施工段应考虑以下因素：

（1）施工段的划分应尽量与工程对象平面特点相适应，尽量维护结构整体性，利用结构界限，如沉降缝、抗震缝、温度缝、单元分界处、转角处等。

（2）各施工段的劳动量应尽量相等，以保证各施工过程连续施工、均衡施工。若不相同时，应将先施工的施工段划得大一些，以免从第二个施工过程开始产生“阻塞”。当劳动量相当大时，采用分别流水施工。

（3）不同施工过程的施工段划分应尽量一致。

（4）施工段划分的数目应当符合最小劳动组合和最小工作面的要求。

（5）施工段划分应能保证工程量大或者技术上关键的主导施工过程连续施工。施工段数 m 不小于 n。

当 $m = n$ 时，工作班组连续施工，每个施工段上都有工作班组，较理想；

当 $m > n$ 时，工作班组连续施工，施工段有闲置现象，可做场地上的准备工作；

当 $m<n$ 时，工作面充分利用，工作班组有窝工现象，可去做场外辅助性工作，或与其他项目组织大流水，但这种情况相当于把两个或以上项目看作一个施工对象，其总施工段数 m 是与施工过程数相适应的。当参与流水的施工对象的施工段数 $m<n$ 时，不适宜，除非对工程班组的间断时间有具体安排。

3. 施工层数

各层建筑以楼层作为界限划分的施工层数。这种工程各施工过程工作面随施工进展而形成。

2.3 流水施工分类及计算

2.3.1 流水施工的分类

建筑工程的流水施工中，各专业施工应协调配合，每个施工过程的相应专业施工队以一定的规律从一个施工段转移到下一个施工段。根据某一施工过程先后进入相邻施工段的时间不同，对流水施工进行分类，当这个转移时间（实质是流水节拍 t_i，$i = 1, 2, \cdots, m-1$）在各施工段上相同时，该施工过程就是有节奏的，否则是无节奏的。

1. 有节奏流水施工

流水施工节奏性由流水节拍决定，根据流水节拍又可分为不等节奏流水（异节奏流水）和全等节拍流水（等节奏流水）。

1）全等节拍流水（等节奏流水）

全等节拍流水施工是指各施工过程在各施工段上的流水节拍相等，而且各施工过程彼此的流水节拍也相等。在斜线图上能看出，各施工过程的进度线是一组平行直线，如图 2.4 所示。

施工过程	人数	施工进度/天				
		1	2	3	4	5
1	20	Ⅰ	Ⅱ	Ⅲ		
2	15		Ⅰ	Ⅱ	Ⅲ	
3	10			Ⅰ	Ⅱ	Ⅲ

（a）横道图

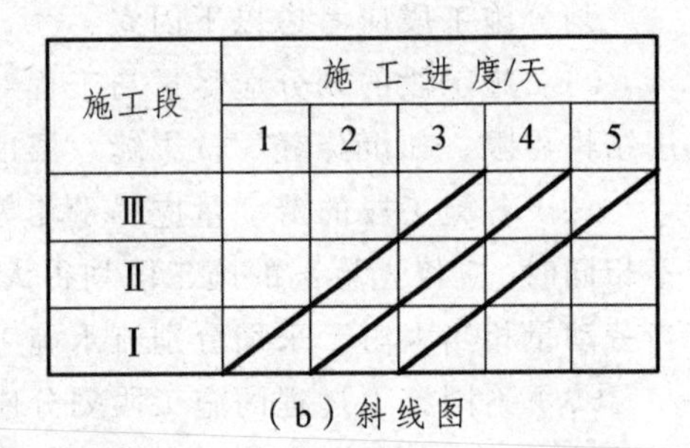

（b）斜线图

图 2.4 全等节拍流水施工

2）不等节奏流水（异节奏流水）

其特点是组入流水的每个施工过程的流水节拍相等，斜线图成直线，而施工过程彼此的流水节拍不完全相等（斜线不平行），如图 2.5 所示。在不等节奏流水当中，如果施工过程的流水节拍成倍数，称为成倍节拍流水。

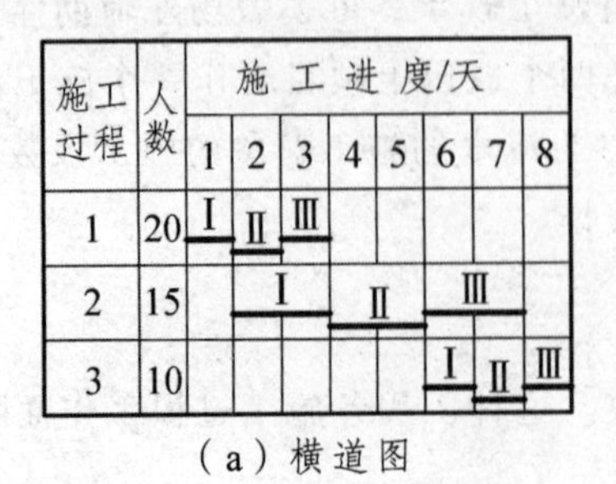

（a）横道图

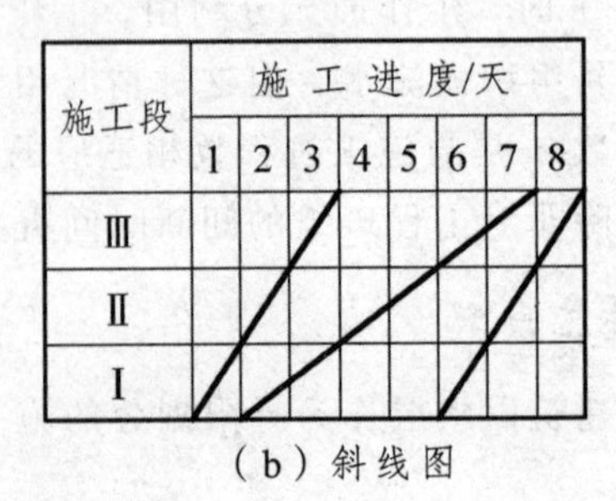

（b）斜线图

图 2.5 不等节拍流水施工

2. 无节奏流水

组入流水施工的施工过程在不同施工段上流水节拍不相等时，称为无节奏流水。其斜线图中的进度线为一折线，如图 2.6 所示。

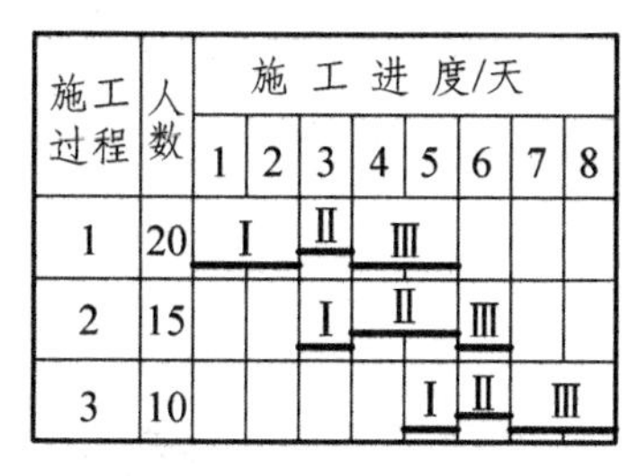

（a）横道图

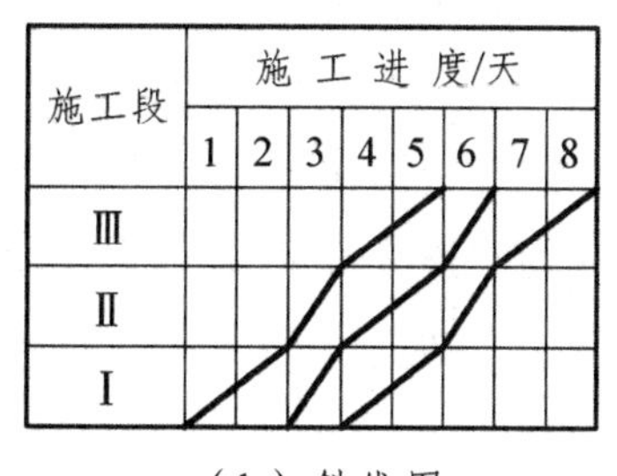

（b）斜线图

图 2.6　无节奏流水施工

2.3.2　有节奏流水施工

1. 流水步距的确定

1）全等节拍流水步距的确定

全等节拍流水各施工过程流水节拍相等，各施工过程彼此的流水节拍也相等，其施工速度（流水速度，用 v 表示）也相同，若相邻施工过程的时间间隔保持为一个流水节拍，即可满足连续均衡施工。全等节拍流水施工的流水步距为

$$B_{i,\ i+1} = t_i \tag{2.8}$$

2）不等节奏流水施工的流水步距

不等节拍流水的流水节拍不同，其流水速度 v 也不相等，会出现以下情形：

（1）$v_i = v_{i+1}$（$t_i = t_{i+1}$）。

实质为全等节拍流水施工，$B_{i,\ i+1} = t_i$。无节奏流水施工也有可能满足 $V_i = V_{i+1}$，其斜线图见图 2.7。

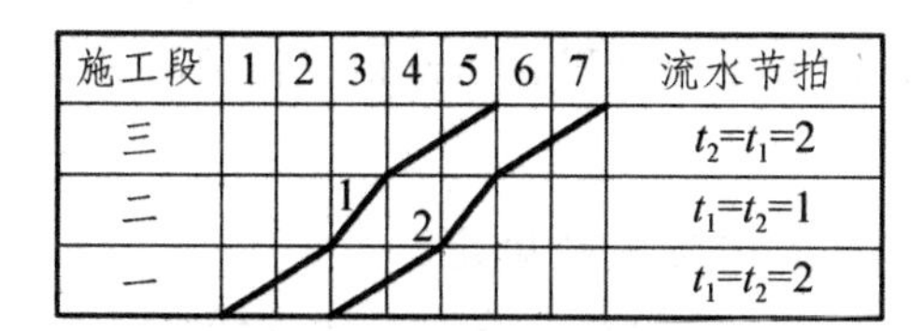

图 2.7　流水速度相等的无节奏流水施工

（2）$v_i > v_{i+1}$（$t_i<t_{i+1}$），见图 2.8。

前导施工过程流水速度快，每个施工段都在后续工程开工前完成，从第二个施工段开始施工过程衔接不紧，施工段有闲置现象，但能满足工艺要求和连续施工。

$$B_{i,\ i+1} = t_i$$

（3）$v_i<v_{i+1}$（$t_i>t_{i+1}$），见图 2.9。

前导施工过程流水速度慢，从 a 点开始后续施工过程（$B_{i,\ i+1}=t_i$），则后续施工过程从第二个施工段（图中 b 点）开始发生“阻塞”。为避免这种现象发生，后续施工过程应推迟一段时间（t_i-t_{i+1}）开始。但是第三个施工段发生同样问题，因此应推迟的时间应为

$$\delta_{i,\ i+1}=(m-1)(t_i-t_{i+1}) \tag{2.9}$$

$\delta_{i,\ i+1}$称为“连续滞量”，流水步距应为

$$B_{i,\ i+1}=t_i+\delta_{i,\ i+1} \tag{2.10}$$

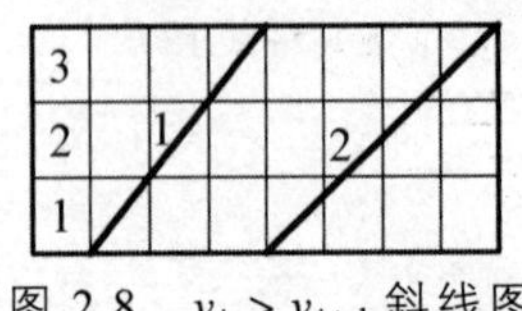

图 2.8　$v_i>v_{i+1}$斜线图

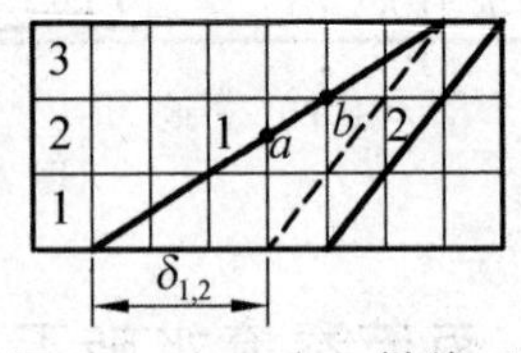

图 2.9　$v_i<v_{i+1}$斜线图

3）成倍节拍流水施工的流水步距

成倍节拍流水施工分两种形式：

当采用增加工作班制时，流水步距为

$$B_{i,\ i+1}=t_i\text{的最大公约数} \tag{2.11}$$

当采用增加工作队时，流水步距为

$$B_{i,\ i+1}=t_i \tag{2.12}$$

2. 施工段数的确定

施工段数是保证各施工过程连续施工、充分利用工作面的关键。

（1）对于道路工程、管道工程等线性工程，前导施工过程工作面的形成与后续施工过程的完成与后继施工过程无关，施工段数的多少不影响各施工过程的连续性，施工段数主要取决于工程对象的特点、工期及资源供应情况。

（2）对于多层建筑，前后施工过程相互开拓工作面时，施工段数直接影响流水施工的连续性和工作面的利用。

1）全等节拍流水施工的施工段数确定

以 1 个 2 层主体结构，3 个主导施工过程，流水节拍为 1 天的流水施工为例。

（1）$n=3$，$m=2$，施工段数 m 小于施工过程数 n，如图 2.10 所示。

将第二层的进度合并到第一层的后面（图中虚线），可以看出每个施工过程均有 1 个流水节拍的间断，其原因在于，每个施工过程用两个流水节拍时间完成第一层的两个施工段的工作，就应该进行第二层的施工，但是第二层施工段要等其相应的第一层的施工段第 3 个施工过程施工完毕后才能提供工作面，因此存在 1 个流水节拍的时间

等待工作面形成。从另一方面看，由于层间关系，任何时刻只有两个施工段（工作面），始终只有两个施工过程能施工，一个施工过程窝工。

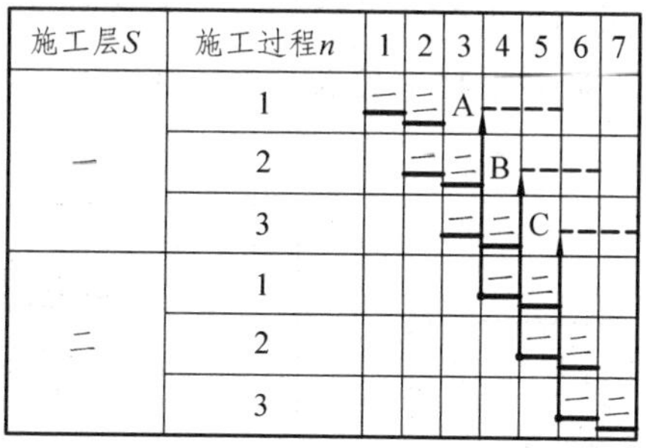

施工层S	施工过程n	1	2	3	4	5	6	7
一	1	一	二	A				
	2		一	二	B			
	3			一	二	C		
二	1				一	二		
	2					一	二	
	3						一	二

A、B、C 分别为第 1、2、3 个施工过程的间断时间

图 2.10　施工段数小于施工过程数的流水作业进度

（2）$n=3$，$m=4$，施工段数 m 大于施工过程数 n，如图 2.11 所示。由图可以看出，每个施工段有 1 个流水节拍时间的闲置，其原因在于，每个施工段经过 3 个施工过程（共 3 个流水节拍）的施工后，已经提供出第二层相应施工段的工作面，此时第一个施工过程需要在第一层施工第 4 个施工段，因此施工段工作面形成以后需要闲置 1 个流水节拍的时间，等待施工队伍进入施工。由于划分了施工段，任何时候均可以提供 4 个工作面给 4 个工作队伍施工，此时只有 3 个施工过程，总有一个施工段闲置。

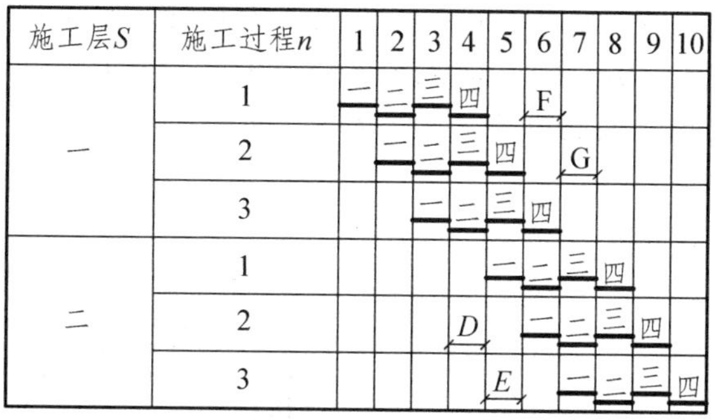

施工层S	施工过程n	1	2	3	4	5	6	7	8	9	10
一	1	一	二	三	四		F				
	2		一	二	三	四		G			
	3			一	二	三	四				
二	1					一	二	三	四		
	2				D		一	二	三	四	
	3					E		一	二	三	四

D、E、F、G 分别为 4 个施工段闲置时间

图 2.11　施工过程数大于施工段数的流水作业进度

（3）$n=3$，$m=3$，每个施工过程连续施工，各施工段无闲置，比较理想。因此组织多层建筑流水施工时，施工段数 m 等于施工进度数 n 时最佳。

当施工过程之间存在技术间歇时，相当于增加了施工过程，只是这个施工过程不需要劳动力等资源消耗，施工段数 m 为

$$m=n+\frac{\sum t_j}{B} \tag{2.13}$$

如图 2.12 所示，从斜线图可以看出由于技术间歇 $t=0.5$ 和 $t=0.5$ 的存在，使每个施工段有停歇时间，相当于将斜线 2、3 推后，使原本在层间连续的施工过程出现间断，

若增加$\sum t_j/B$个施工段时，斜线延长后就连续。从横道图中可以看出，每个施工段要么在施工，要么处于技术间歇（这是一个不需要资源消耗的施工过程，而非组织上的间段），将图中技术间歇放在一起正好是连续过程。当$\sum t_j/B$不为整数时，应当取大于$\sum t_j/B$的最小整数，相当于把某个技术间歇延长，这时始终存在不足一天的工作面技术间歇以外的闲置。

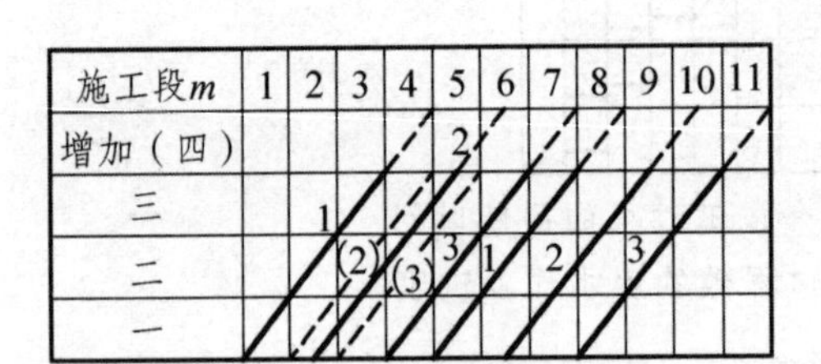

施工段m	1	2	3	4	5	6	7	8	9	10	11
1	1一	1二	1三	1四	2一	2二	2三	2四			
t_{12}											
2											
t_{23}											
3											
Σt_j											

图 2.12　有技术间歇的流水作业进度图

2）成倍节拍流水施工段数的确定

成倍节拍流水施工，各施工过程流水节拍成整数比，可以通过增加工作队将不等节奏变为类似等节奏流水，保证施工过程连续施工，工作面不闲置，如图 2.13 所示，施工过程 B 流水节拍为 A、C 的两倍，增加一个工作队，在第一个工作队 B_1 未施工完毕第一施工段时，让其继续施工，由另一个施工队 B_2 进入已提供出来的第二施工段，这样类推下去，A、B_1、B_2、C 都是连续施工，而无工作面闲置。由于每个施工队在各自的施工段施工，施工段数应等于工作队数，而施工队数为

$$D_i=\frac{t_i}{B} \tag{2.14}$$

施工段m	1	2	3	4	5	6	7	8	9	10	11
A	一	二	三	四	一	二	三	四			
B_1		一		三		一		三			
B_2				二		四		二		四	
C				一	二	三	四	一	二	三	四

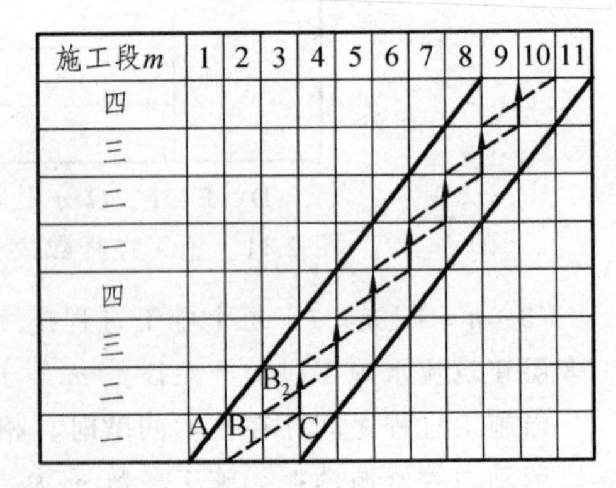

图 2.13　增加工作队的成倍节拍流水进度计划

施工段数 m 为

$$m=\sum_{i=1}^{n} D_i+\frac{\sum t_j}{B} \tag{2.15}$$

3. 流水施工工期

1）等节奏流水施工工期

等节奏（全等节拍）流水施工中各施工过程流水节拍相等，流水步距等于流水节拍，如图 2.4 所示，流水施工工期为

$$T_L = \sum B + T_n \tag{2.16}$$

式中　T_L——流水施工工期（d）；

B——流水步距（d）；

T_n——最后一个施工过程的流水持续时间（d）。

$$T_n = \sum_{j=1}^{m} t_n^j$$

由于

$$\sum B = (n-1)\,t_i \qquad T_n = mt_i$$

故

$$T_L = (m+n-1)\,t_i \tag{2.17}$$

当施工过程中有技术间歇时：

$$T_L = (m+n-1)\,t_i + \sum t_j \tag{2.18}$$

2）不等节奏流水施工工期

组织异节拍（不等节奏）流水施工时，各施工过程流水节拍不相等，故必须考虑到连续滞量的影响：

$$T_L = \sum_{i=1}^{n-1} t_i + \sum_{i=1}^{n-1} \delta_{i,i+1} + \sum t_j + T_n \tag{2.19}$$

$$T_L = \sum_{i=1}^{n-1} t_i + \sum_{i=1}^{n-1} (m-1)(t_i - t_{i,i+1})\Big|_{t_i > t_{i+1}} + \sum t_j + T_n \tag{2.20}$$

或

$$T_L = \sum_{i=1}^{n-1} B_{i,i+1} + T_n + \sum t_j \tag{2.21}$$

3）成倍节拍流水施工工期

（1）采用增加工作队方式，如图 2.13 所示，流水施工工期为

$$T_L = \left(\sum D_i + m - 1\right) \cdot t_i\text{的最大公约数} + \sum t_j + T_n \tag{2.22}$$

（2）采用增加工作班制时，如图 2.14 所示，类似于全等节拍流水：

$$T_L = (n+m-1) \cdot t_i\text{的最大公约数} + \sum t_j + T_n \tag{2.23}$$

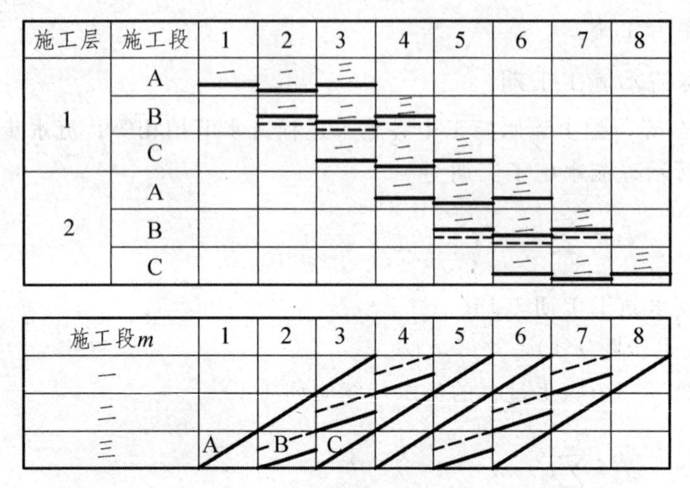

图 2.14　增加工作班制的成倍节拍流水进度计划

2.3.3　无节奏流水施工

无节奏流水施工是指施工过程在各施工段上的流水节拍不相等。组织无节奏流水施工时，由于流水节拍各不相等，施工段闲置不可避免，但应坚持正确的工艺顺序和各施工过程连续施工的原则。

1. 流水步距的确定

图 2.15 所示是从无节奏流水施工横道图中截取的第 k、$k+1$ 施工过程在 j、$j+1$ 施工段的片段。

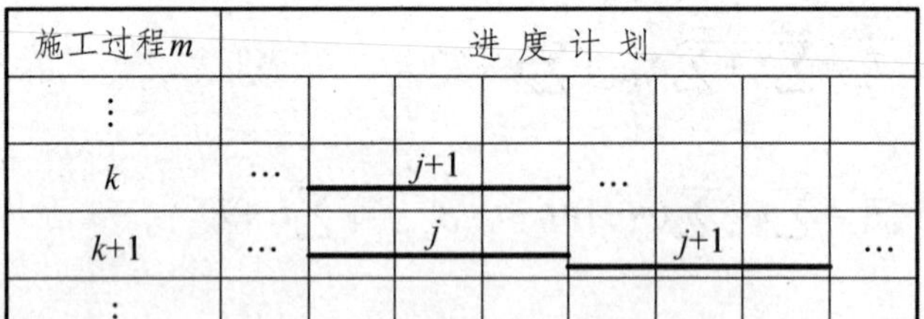

施工过程m	进度计划
⋮	
k	…　$j+1$　…
$k+1$	…　j　$j+1$　…
⋮	

图 2.15　无节奏流水施工进度图（局部）

根据上述原则：k、$k+1$ 两施工过程连续施工，第 $k+1$ 施工过程在 $j+1$ 施工段的施工必须在第 k 个施工过程第 j 施工段完成后开始，即

$$\sum_{i=1}^{j+1} t_k^i \leqslant B_{k,k+1} + \sum_{i=1}^{j} t_{k+1}^j \tag{2.24}$$

$$B_{k,k+1} \geqslant \sum_{i=1}^{j+1} t_k^i - \sum_{i=1}^{j} t_{k+1}^j \tag{2.25}$$

式中　$\sum_{i=1}^{j+1} t_k^i$——第 k 个施工过程第 $1 \sim j+1$ 施工段流水节拍之和；

$\sum_{i=1}^{j} t_{k+1}^j$——第 $k+1$ 个施工过程第 $1 \sim j$ 施工段流水节拍之和。

由于有多个施工段，会有几个不同的流水步距，因此：

$$B_{k,k+1} = \max\left(\sum_{i=1}^{j+1} t_k^i - \sum_{i=1}^{j} t_{k+1}^j\right) \quad (j = 1, 2, \cdots, m-1) \tag{2.26}$$

根据上式，需要计算出每个施工过程第 1 个施工段到第 2，3，…，m 施工段的累计持续时间，再与前一施工过程多一个施工段的累计持续时间相减，取最大值，即累加斜减取大值。

【例 2.1】某工程有 4 个施工过程、4 个施工段，流水节拍见表 2.1，组织流水作业并计算工期。

表 2.1　各施工过程流水节拍　　　　单位：天

施工过程 \ 施工段	一	二	三	四
1	2	4	3	3
2	3	3	2	4
3	2	1	5	2
4	3	2	4	1

B_{12}：

$$\begin{array}{rrrrr} 2 & 6 & 9 & 12 & \\ -)\ 3 & 6 & 8 & 12 & \\ \hline 2 & 3 & 3 & \boxed{4} & - \end{array}$$

B_{23}：

$$\begin{array}{rrrrr} 3 & 6 & 8 & 12 & \\ -)\ & 2 & 3 & 8 & 10 \\ \hline 3 & 4 & \boxed{5} & 4 & - \end{array}$$

B_{34}：

$$\begin{array}{rrrrr} 2 & 3 & 8 & 10 & \\ -)\ & 3 & 5 & 9 & 10 \\ \hline 2 & 0 & \boxed{3} & 1 & - \end{array}$$

即：$B_{12} = 4$

$B_{23} = 5$

$B_{34} = 3$

流水作业进度如图 2.16 所示。

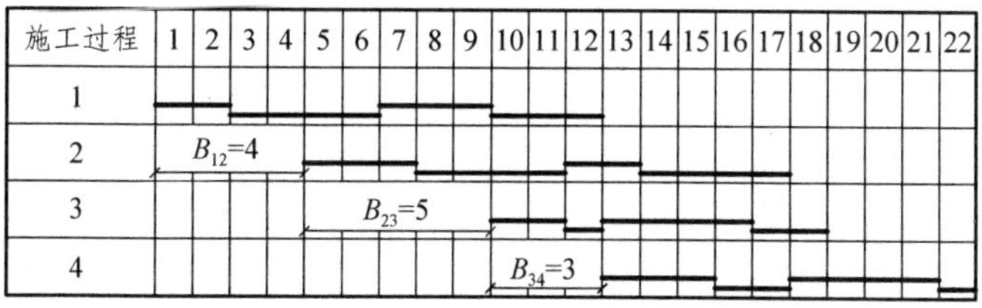

施工过程	1	2	3	4	5	6	7	8	9	10	11	12	13	14	15	16	17	18	19	20	21	22
1																						
2	B_{12}=4																					
3					B_{23}=5																	
4										B_{34}=3												

图 2.16　无节奏流水施工进度图

2. 流水施工工期

无节奏流水施工工期为

$$T_L = \sum B_{i,i+1} + T_n + \sum t_j$$

例 2.1 流水施工工期为

$$T_L = 4 + 5 + 3 + 10 + 0 = 22（天）$$

复习思考题

1. 简述组织施工的方式及各自的特点。
2. 简述组织流水施工的条件。
3. 流水施工的参数有哪些?
4. 施工段数的确定需考虑哪些因素?
5. 土方脚手架类施工过程如何组织流水施工?
6. 简述流水施工的分类及时间参数计算方法。
7. 简述无节奏流水施工的原则。

第3章　网络计划技术

组织建筑工程施工，必须在认识建筑工程施工客观规律的基础上从事建筑工程对象的具体施工。小型的、按常规方法施工的工程对象，通常凭经验进行组织即能达到目的。但是，当建筑工程对象规模大、标准高、采用新工艺、施工过程错综复杂，或者涉及浩大的人力、物力、机具和器材，要求取得较高的经济效益时，只凭施工经验就不能达到理想的目的，必须用一套科学的组织管理方法去组织协调其中各项工作间的配合，否则就必然会造成大量的窝工和频繁的返工，致使工程蒙受巨大损失。

要做到施工时有条不紊，采用网络计划技术是一种有效的方法。网络计划技术是在20世纪中叶发展起来的一项计划技术。

3.1　网络计划技术概述

3.1.1　网络技术

网络是指由一组相互交叉的线段联结构成的网状结构。当每条线段代表一个具体含义时，该网状结构（网络）就反映了一个完整的系统，如交通网络、通信网络、计算机网络、工程施工网络等。网络技术是研究和分析网络的专门技术，广义的网络技术范围非常广泛，凡是可以采用网络加以描述或表达的任何系统、问题和对象，都可以应用网络技术。尽管，反映不同的系统和问题的网络技术也有各自的特征和性质，网络技术仍有其专有的共同特征。

网络模型是指网络技术所采用的模型，即表达网络的方式。本章所讨论的网络技术是工程项目建设范畴内的网络技术。

网络技术是应用网络模型形象、直观、正确地描述各种工程技术、生产组织、经营管理问题或系统，简捷地分析、求解、优化这类问题或系统的有效技术。随着科学技术的进步和社会化大生产的发展，现代化的工程技术、生产组织等问题具有规模大、工艺复杂、影响因素多、时间观念强等特点，从系统的角度来看，这些问题都是由众多互相关联、互相制约的要素组成的复杂系统，要求认真思考、分析和研究，以取得较满意的结果或较好的经济效益。

网络技术在理论上和应用方面不断迅速发展的原因是其具有下述非常显著的特点。

1. 结构清晰，形象直观

网络技术通过网络结构（网络）图，非常形象而正确地描述系统或对象，反映系统或对象的各组成要素（组成部分或子系统）之间的相互关系。例如，一项非常复杂的包括成千上万个组成部分的工程系统的研究计划，不能正确、完整和形象地表达各项要素间的关系，也就无法对它们实行有效的控制和协调。应用网络技术，就能非常简明、直观地描述这个系统。

2. 正确表达逻辑，便于分析计算

网络技术不仅可以通过网状结构图（网络图）方式形象而直观地表明系统的构成，而且可以通过逻辑矩阵反映系统。根据网络结构的逻辑矩阵，就可以应用计算机进行所要求的各种分析和计算。对于大多数工程技术、经营管理系统和问题，只要能应用网络技术进行分析和计算，就能发挥其特点。与应用其他优化技术相比，采用网络模型更具有减少输入、缩短运算时间等优点。

3. 配合需要，机动调整

任何系统和问题随着管理层次、管理部门、时期的变化，具体要求也不同。上级部门需要有比较综合和概要的信息，具体执行部门要求比较详细、正确的安排；正在执行的任务应有具体的、能直接起指导作用的计划，今后的任务则可以适当粗略。应用网络模型，可以根据不同的需要，绘制相应具有不同综合程度和作用的模型。例如，一个建设项目可能包括很多单项工程，每一个单项工程又由很多单位工程组成（土建、安装、电气、市政、环保、供热、上水、排污、通信、设备、装饰等）；而每一单位工程，如土建单位工程，又可能包含着很多分部工程；每个分部工程也是由一定数量的分项工程组成。在不同的时期，不同部门有不同的要求：投资者、业主或主管部门关心的是整个建设项目以及每个单项工程建设所需的投资额及投产使用的时间；工程的承包者主要考虑的是其所包任务的人、财、物的组织和成本控制；一个现场施工队（组），主要解决逐日逐项的工作任务的实施。应用网络技术，可以非常简捷地进行合并和分解。

正是由于上述基本特点，使网络技术能在较短时间内很快得到广大工程技术人员、领导人员、管理决策人员普遍的认可和广泛的应用。

3.1.2 网络计划技术

网络计划技术是 20 世纪 50 年代末发展起来的一种编制复杂系统和工程计划的有效方法。目前，这种方法已广泛应用于世界各国和各个部门，并取得了显著的效果。网络计划技术是网络技术（网络分析方法和网络理论）在计划管理中的具体应用。计划是管理的首要职能。任何一个组织、一个企业、一项工程以及一项工作或任务，都需要编制指导实现目标的计划。计划的主要作用如下：

（1）确定工期、成本、质量、安全、盈利等各方面的要求和指标达到的目标。

（2）确定完成计划所包含的活动。活动是指计划实施过程中相对独立的工作或工序、操作、任务等。

（3）确定实施计划及完成各项活动的具体方法，如施工方案、施工方法等。

（4）确定各项活动间的逻辑顺序以及具体的实施时间（施工活动的持续时间）。

（5）确定计划实施期间的各种资源（人、财、物、设备、资金、技术、信息等）的需求数量及时间。

合理可行的计划是成功地完成计划任务和达到预期目标的重要保证和必要前提。比较复杂的或是从未接触过的工程或任务，就必须在实施任务和工程开始之前，认真地编制计划。同时，计划的作用是指导实际的工作，单依靠几个人的智力、在办公室里是编制不出可行有效的计划的。编制计划应以调查研究为基础，以掌握充分、必要、可靠的资料和信息为前提，结合计划对象（工程或任务）的具体特点、条件和要求而进行。

计划的方法取决于计划对象，同时也随着生产和科学技术的发展而不断改进和完善。19 世纪的工业革命促进了科学管理，也促进了计划方法的发展。在美国著名管理科学家泰罗（Frederick Winslow Taylor）提出生产中工序或作业的专业化分工的同时，甘特（Henry Laurence Gantt）提出了有时间坐标的线条图计划方法（第 2 章）。线条图计划简明，直观易懂，编制方便，因此一直沿用至今。随着科学技术的进步和社会化大生产的发展，现代工程系统不仅工艺复杂、规模巨大和专业化程度高，而且要求高速度、高质量和大协作。因此，传统的线条图计划不适应需求，人们在实践中不断探索新的、更有效的计划方法。

3.1.3　网络技术的发展

网络技术的产生与发展都来自工程技术和管理实践。在 20 世纪 50 年代后期，根据工程计划管理的实际需求而产生了网络计划技术。此后，随着对网络技术理论研究的不断突破以及实际应用的迅速扩大，网络技术不断完善、深化，并逐步发展成为目前与随机排队系统、各种资源优化系统、模拟技术及电子计算机密切结合并获得广泛应用的网络技术系统。网络技术的发展与其理论研究的发展是相互制约和相互促进的。

1956 年至 1957 年，美国杜邦化学公司研究创立了关键线路方法——CPM（Critical Path Method），试用于一个化学工程上，使该工程提前 2 个月完成；60 年代初期，网络计划方法在美国得到了推广，大多数新建工程全面采用了这种计划管理新方法，在这一时期内，该方法开始引入日本、苏联及西欧其他国家。我国也正是在这一时期引入和推广这一新方法的。这种方法以系统工程的观念，运用网络的形式来设计和表达一项计划中各个工作的先后顺序和相互关系——逻辑关系。通过计算找到关键线路和关键工作，不断改善网络计划，选择最优的方案付诸实施。由于这种方法是建立在网络模型基础之上的，主要用于进行计划和控制管理，因此，统称为网络计划技术。华罗庚教授将此归之于“统筹方法”。

我国建筑业在推广应用网络计划技术中，广泛地采用时间坐标网络计划方式（具备网络计划逻辑关系明确和横道图清晰易看的优点），使网络计划技术更为适合广大工程技术人员的使用。后来又提出与“时间坐标网络”类似的方法，称为“新横道图计划方法”。

1980 年起，我国建筑业针对建筑流水施工的特点及其在应用网络技术方面存在的问题，提出了“流水网络计划方法”，并于 1981 年开始在实际工程中进行试点，取得了较好的效果。

表 3.1 所示是网络技术的发展概况。

表 3.1　网络技术的发展

网络技术名称	英文代号	开发年代	特点与功能
横道图（甘特图）	GANTT	1900	能清晰地表明活动开始及完成时间
关键线路图	CPM	1956	表明肯定型活动逻辑关系、随机型时间参数
计划评审技术	PERT	1957	表明肯定型活动逻辑关系、随机型时间参数
搭接网络技术	OLN	1968	表明活动搭接关系
随机网络技术	GERT	1967	随机型活动逻辑关系及时间参数
随机网络仿真技术	GERTS	1968	有仿真能力的随机网络
风险评审技术	VERTS	1972	对时间、费用与效果综合分析的仿真技术
综合优化仿真随机网络	GERTSZ	1974	对成本与资源综合优化的仿真 GERT
综合随机系统仿真技术	SMOOTH	1974—1980	对连续与离散型参数综合分析仿真网络语言
多任务综合网络分析	SATNT	1974	具有人机对话功能的网络技术

3.2　网络图的建立

网络计划模型是由节点、枝线和流三个基本要素构成的，各要素所表示的含义如表 3.2 所示。网络计划模型中可以用枝线表示活动，也可以用节点表示活动，两种方式的基本原理、基本要素是完全一致的，并可得出完全相同的结果。

表 3.2　网络计划模型的构成

网络计划模型类型	枝　线	节　点
双代号网络模型 又称箭杆式网络模型 （两个节点表示一项活动）	组成工程的各项 独立的活动（或任务）	各项活动之间的逻辑 关系（先后顺序等）
单代号网络模型 又称节点式网络模型 （一个节点表示一项活动）	各项活动之间的逻辑 关系（先后顺序等）	组成工程的各项独立 的活动（或任务）

用枝线表示活动的双代号网络计划模型，是最初提出的网络计划模型，在世界许多国家、地区以及我国曾得到广泛的应用。但由于这种网络计划模型表示方式，尤其是绘制网络计划图时的一些固有的难点以及计算机在网络计划技术中的广泛应用，双代号网络计划模型已逐渐地被单代号网络计划模型所代替。

网络图与横道图在施工应用中各有特点。

横道图具有以下特点：

① 绘图简便、形象直观、便于统计资源需求量；

② 表达流水作业时，各施工过程的起止时间、延续时间、工作进度、总工期都清楚，排列有序，一目了然；

③ 不能反映出各项工作之间错综复杂、相互联系、相互制约的生产和协作关系；

④ 不能明确反映关键线路，看不出可以使用的自由时间和调整范围，不便于抓住工作的重点，看不到潜力所在；

⑤ 不能对施工计划进行科学的调整与优化。

网络计划的特点：

① 能全面而明确地反映出各施工过程的关系；

② 网络计划通过时间参数的计算，能找出对全局有影响的关键工作和关键线路，便于在施工中集中力量抓住主要矛盾，确保竣工工期，避免盲目施工；

③ 能利用工作的机动时间，进行调整，充分利用和调配人力、物力，达到降低成本的目的；

④ 不能清楚地在网络计划上反映流水作业，可由流水网络解决；

⑤ 绘图较麻烦，表达不很直观，不易显示资源平衡情况，可以采用时间坐标网络来弥补。

3.2.1　双代号网络图

网络图是表示一项工程计划实施顺序的模型。它是由若干个代表工程计划中各项活动的箭杆和连接箭杆的节点所构成的网状图形。

1. 基本符号

1）箭　杆

箭杆是有向的线段，其长度不限。为了使网络图更清晰，应尽量采用直线或规则的线段。实线箭杆代表消耗时间和资源（人力、财力、物力）的活动；虚线箭杆则只反映两个活动之间的逻辑关系，不消耗时间与资源。箭杆的箭头在网络图中是表示活动的流向。

2）节　点

节点一般画成圆圈，也可以画成矩形等形状，表示活动的逻辑制约关系。网络计划中活动的基本逻辑制约关系有三种：

（1）活动必须在哪些活动开始前完成；

（2）此活动与哪些活动平行进行；

（3）此活动在哪些活动完成后才能开始。

双代号网络图是由两个节点和一个箭杆代表一项活动，箭线的长短与活动时间无关，箭头只代表进程无矢量含义。其中箭尾节点 i 表示本活动的开始瞬间，箭头节点 j 表示本活动的结束瞬间，以 i—j 表示节点的先后次序，如图 3.1 所示。

2. 基本术语

1）工作（活动）

工作（活动）是指完成一项任务的过程。每个活动是一个随着时间的推移而逐步进展的过程。每个活动包含的内容由网络计划要求解决问题的深度而定。大活动可以分解为小活动，例如一个建设项目、一个单项工程、一个单位工程、一个分部工程、一个分项工程乃至一个工序都可以根据计划设计深度的需要设为一个活动。用两个节点代号表示一个活动或在箭杆上注明活动名称，箭杆下方则注明完成活动的持续时间，如图 3.2 所示。

图 3.1　双代号箭杆　　　　图 3.2　活动的双代号表示方法

在网络图中，一般需注意对活动分解深度的一致性，如统一分解到分项或分解到工序，不宜使活动有的分得太粗，有的分得太细。活动一般需要消耗一定的时间和资源，但是有的则仅仅需要时间而不消耗资源，如混凝土的养护等。既不消耗资源又不需时间的活动是没有的。但是，在双代号网络图中为了说明一个活动和另一个活动间的约束关系，需用虚线箭杆表示，这种箭杆称为虚箭杆或虚活动，也可用时间为零的实箭杆来表示。

2）事项（节点）

事项是指两个活动交接的瞬时。每个活动都有一个开始的瞬时和一个结束的瞬时。前个活动结束的瞬时也就是紧后活动开始的瞬时。事项能起到衔接前后工作、承上启下的交接作用，它是检验活动完成与否的标志。

3）线路和关键线路

从起始节点开始按箭线的方向通过一系列的节点和箭线到终止节点的通路称为线路。网络图中的线路有很多，但总有一条累计时间最长的线路，它决定了网络计划的工期，这条线路称为关键线路，该线路上的活动称为关键活动，是施工管理的重点。

3. 网络图的逻辑关系

网络图绘制的关键在于正确处理所有活动间的逻辑关系。在组织计划中的逻辑关系主要指以下两种：

1）工艺逻辑关系

工艺逻辑关系取决于生产、活动过程的自身规律，例如浇注混凝土之前应支好模板等。设计切实可行的网络图必须熟悉工艺逻辑关系。

2）组织逻辑关系

组织逻辑关系是网络计划人员根据工程对象所处的时间、空间环境以及资源的客观条件，采取的组织措施。例如，一般建设项目，采取的先地下后地上、先结构后装饰、先室内后室外的施工顺序，并以此来确定施工力量、施工机具的配备和调动。

工艺逻辑关系和组织逻辑关系两者矛盾统一，并非孤立不变，这就有赖于网络计划人员的运筹帷幄，合理安排。一般来讲，工艺逻辑关系与技术要求紧密联系，是比较客观的，而组织逻辑关系是网络计划人员主观能动性的具体体现，能反映编制者对工程具体的了解程度和施工时间经验，但是必须以符合工艺逻辑关系的要求为基础。

双代号网络计划中的逻辑顺序关系有三种：

（1）依次关系：各活动依次进行，如图 3.3 所示，A、B、C 三个活动依次进行。在图 3.4 中，活动 A、D 和活动 B、C 在时间上有可能平行进行，没有共同的起始或结束节点，不属于平行逻辑关系。但是增添虚活动的除外，如图 3.5 中 C、D、E 属平行关系。

（2）平行关系：具有共同开始或结束节点的活动有平行关系，如图 3.4 的活动 A、B 和活动 C、D 都有平行关系。

（3）搭接关系：若 A 活动比 B 活动先开始又先结束，但有一段时间同时作业，则 A、B 两个活动形成搭接关系，双代号网络图表示这种关系时，必须分别将各活动分解成两个活动，造成节点增加和虚活动，这是双代号网络图与单代号网络相比的不足。近年来，有专门的单代号搭接网络图表示搭接关系。

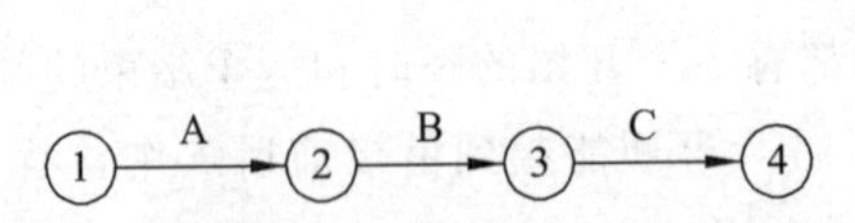

图 3.3　活动为依次关系的双代号网络图

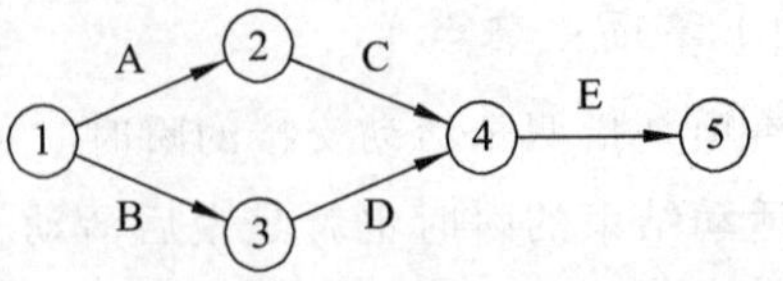

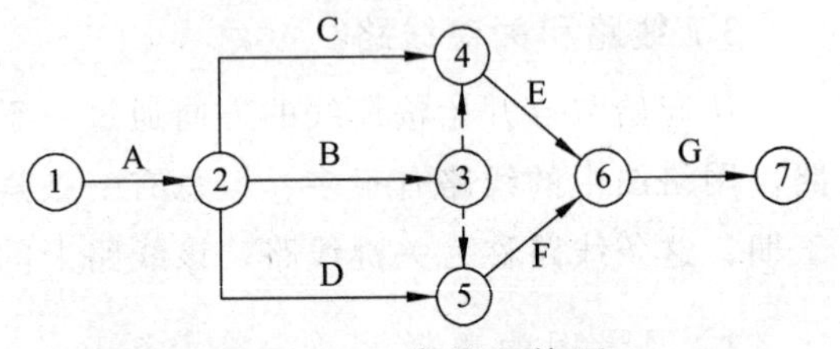

图 3.4　活动为平行关系的双代号网络图

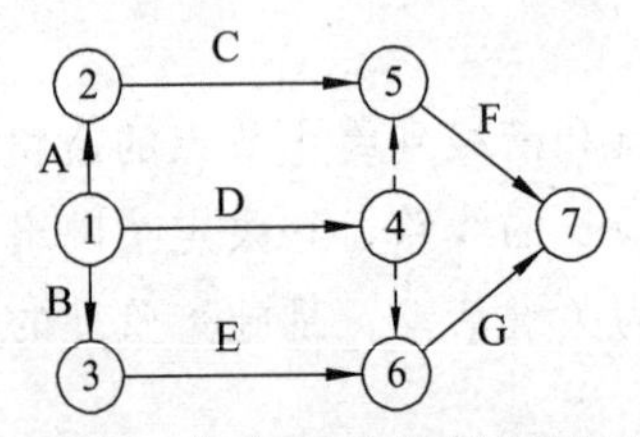

图 3.5　有虚活动的平行关系

图 3.6　双代号网络图

4. 网络图的识读

图 3.6 是一个简单的网络计划，下面结合网络图的基本符号及基本术语进行识读。

1）开始节点

在各个节点中编码最小，没有内向箭杆（箭头指向本节点的箭杆），没有紧前活动和先行活动，表示整个网络计划由此事项开始。图中节点①是开始节点。

2）结束节点

在各个节点中编码最大，没有外向箭杆（箭头背向本节点的箭杆），没有紧后活动和后继活动。表示整个网络计划到此事项结束。图中节点⑦是结束节点。

3）中间节点

除节点①和⑦以外的所有节点都是中间节点。中间节点的编码介于开始节点和结束节点之间，每个中间节点既有外向箭杆又有内向箭杆，都有紧前或先行活动和紧后或后继活动。它们各自表示网络计划中某个活动的开始瞬间以及这个活动的紧前活动的结束瞬间。

4）紧前活动

在某个活动开始之前刚完成的活动，如 A 活动是 B、C、D 的紧前活动，E、F 活动是 G 活动的紧前活动。

5）紧后活动

某个活动完成之后紧接着开始的活动，如 B、C、D 活动是 A 活动的紧后活动。

6）先行活动

一个活动之前的所有活动都是它的先行活动，如 A、B、C 活动是 E 活动的先行活动。

7）后继活动

一个活动之后的所有活动都是它的后继活动，如 E、F、G 活动是 B 活动的后继活动。

8）虚活动

③—④活动用虚线表示，它表示 B、C 活动是 E 活动的紧前活动。

9）线 路

线路指网络图中从开始节点，通过若干个中间节点到达结束节点的各条箭流。图 3.6 中有 4 条线路：

（1）①—②—③—④—⑥—⑦。

（2）①—②—④—⑥—⑦。

（3）①—②—③—⑤—⑥—⑦。

（4）①—②—⑤—⑥—⑦。

5. 网络图的绘制

在网络图的绘制中，虚箭杆是建立活动之间的约束关系和避免活动之间多余约束关系的重要工具。如图 3.7（a）所示，A、B 为同时开始的活动，在同时结束后 C、D 活动同时开始。如果其逻辑顺序关系为：C 活动在 A、B 活动都结束后开始，B 活动结束后 C、D 活动才能开始，显然，D 活动不受 A 活动的约束，应引入虚箭杆（虚活动），使 C、D 活动与 A、B 活动之间建立正确的约束关系，并解除 A 活动与 D 活动的非约束关系，如图 3.7（b）所示。

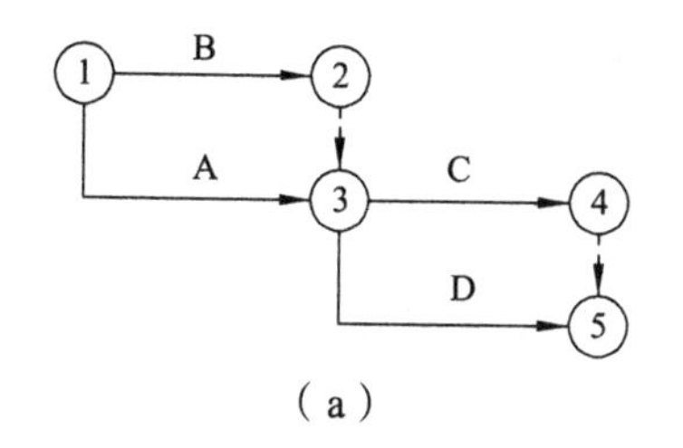

（a）

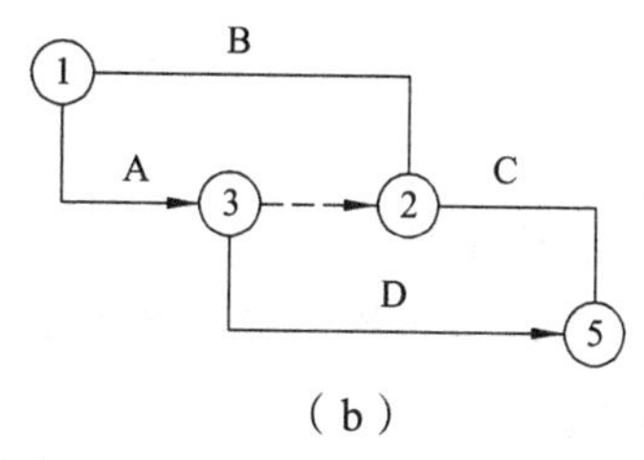

（b）

图 3.7 虚箭杆的应用

1）网络图绘制的基本规则

（1）一幅网络图中只允许有一个开始节点和一个结束节点。

（2）网络图中箭头的编码必须大于箭尾的编码，开始节点最小，结束节点最大，即图 3.1 中，节点 j 必须大于节点 i，为调整网络的需要，编码可不连续。

（3）不得有重复的节点编码。

（4）任两个节点之间只能有一根箭线（即只能有一个活动）。图 3.8（a）中活动 A、B 的节点编码相同，应加虚箭线，如图 3.8（b）所示。

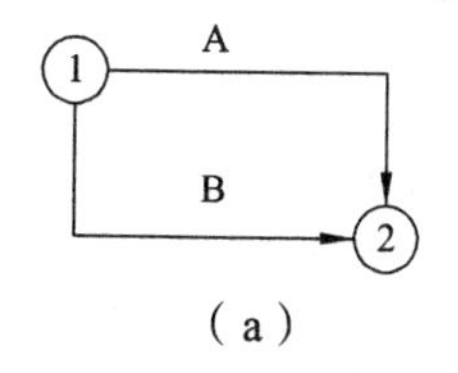

（a）

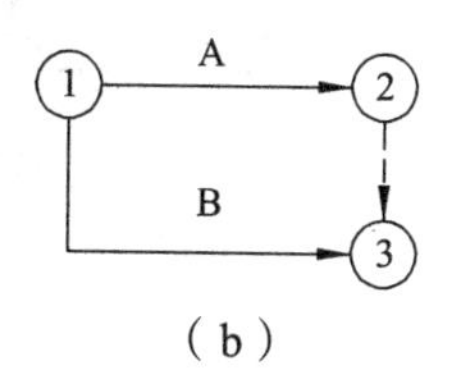

（b）

图 3.8 虚箭线

（5）任一活动只能有一对节点，不能将一个活动分成两个活动。

（6）箭流只能从开始节点流向结束节点，不得出现循环箭流，若出现必然违背规则（2）的要求。

2）网络图的绘制技巧

只要各活动的关系表达正确，网络图即是正确的，但是网络图还需要进行计算，用以指导以后的施工，在保证逻辑关系正确的前提下，还应力求布局合理、条理清楚、层次分明、重点突出。

根据逻辑关系绘制网络图后，应进行加工整理，箭杆应尽量横平竖直，节点排列均匀。尽可能减少不必要的虚箭杆和多余节点，为网络图的计算提供方便；尽可能减少箭杆的交叉，无法避免时可以采用过桥法，如图 3.9 所示。

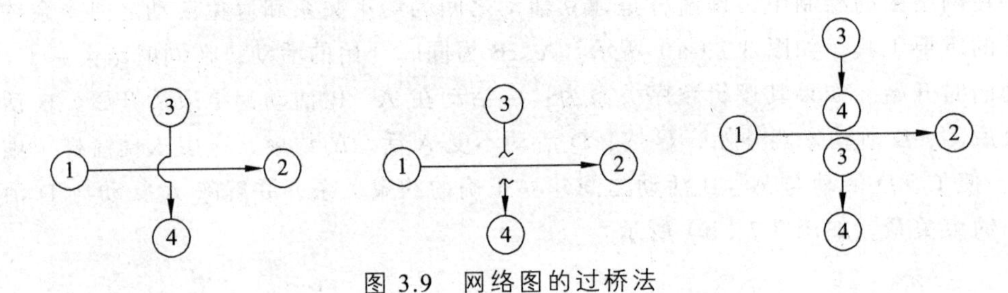

图 3.9 网络图的过桥法

3）网络图的排列

（1）施工段水平排列。

每个施工过程的各施工段按水平方向横排，施工过程成行排列，如图 3.10 中有 A、B、C 共 3 个施工过程，4 个施工段。

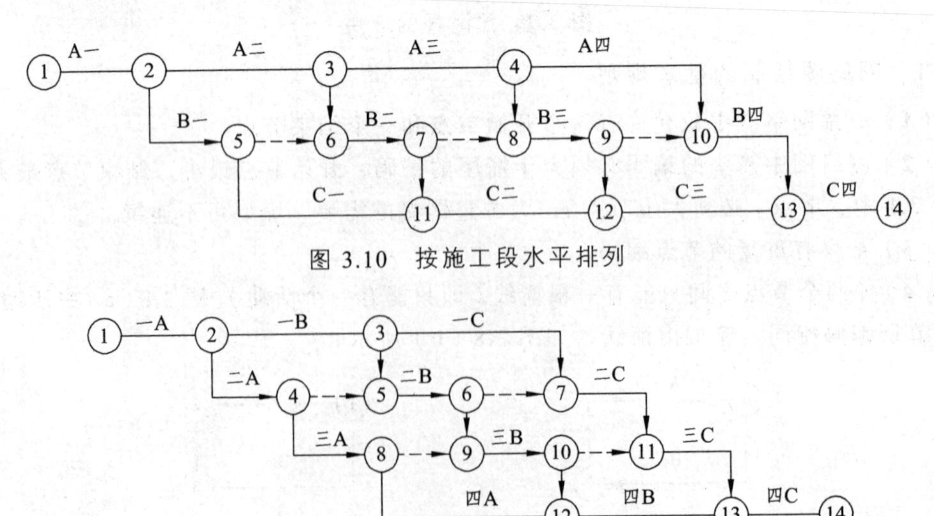

图 3.10 按施工段水平排列

图 3.11 按施工过程水平排列

（2）施工过程水平排列。

每个施工段的各施工过程按水平方向横排，施工段成行排列，如图 3.11 所示。

（3）网络图的连接。

比较复杂的网络图，一般先根据不同的分部工程编制网络图，再依照相互之间的逻辑关系进行连接。连接时应注意不是简单的对接，施工过程有搭接时应体现出来，以保证资源的均衡和缩短工期；连接后应添加必要的虚箭杆和节点，删除多余的虚箭杆和节点。

6. 双代号网络图绘制实例

根据表 3.3 中各施工过程的逻辑关系绘制双代号网络图。

表 3.3　各施工过程逻辑关系

施工过程	A	B	C	D	E	F	G	H	I	J
紧前工作	—	—	—	A	A、B	C	E	E	E、F	D、G
紧后工作	D、E	E	F	J	G、H、I	I	J	–	–	–

网络图如图 3.12 所示。

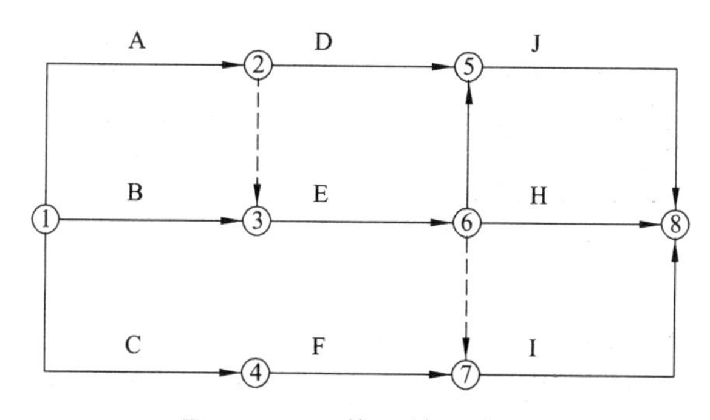

图 3.12　网络图绘制实例

3.2.2　单代号网络图

一系列活动具有相同的逻辑关系，但单代号网络图的表达方式则不同于双代号网络图。双代号网络图是用两个节点（通常用圆圈）或一个箭杆表示一项活动。两项活动间的逻辑关系通过节点的共用、分离或者增加节点间的虚箭杆（或零箭杆）来表现。单代号网络图与双代号网络图相反，用一个节点来表示一项活动，两项活动间的逻辑关系用两个节点之间的箭杆表示。在一般情况下，单代号网络图不用虚箭杆。图 3.6 所示的双代号网络图若用单代号网络图表示，如图 3.13 所示。

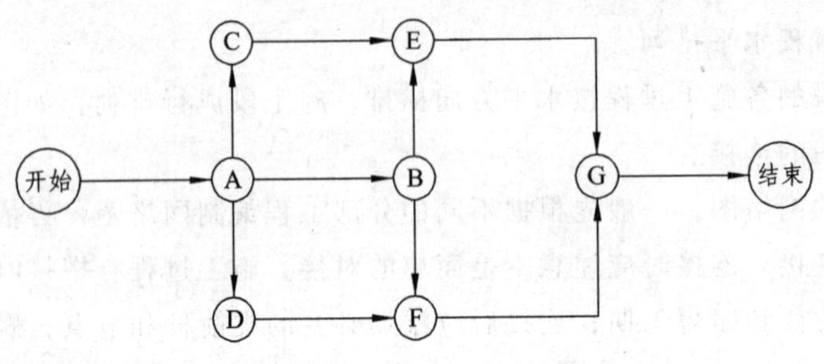

图 3.13　单代号网络图

在建筑工程施工组织中，用得比较多的是双代号网络图。单代号网络图的优点是不需零箭杆，逻辑关系表达方式单一，便于检查和修改。在有些情况下，使用单代号比双代号方便。

1. 基本符号

单代号网络的一个节点表示一项活动。节点可以用任意的几何图形，如图 3.14 用方框或圆圈等表示。在节点中以活动的名称（或代号、代码）和这个活动所需的持续时间为中心，标明各个时间参数、资源强度、日历日期等。这些数据可以画在节点的分隔格子内外。

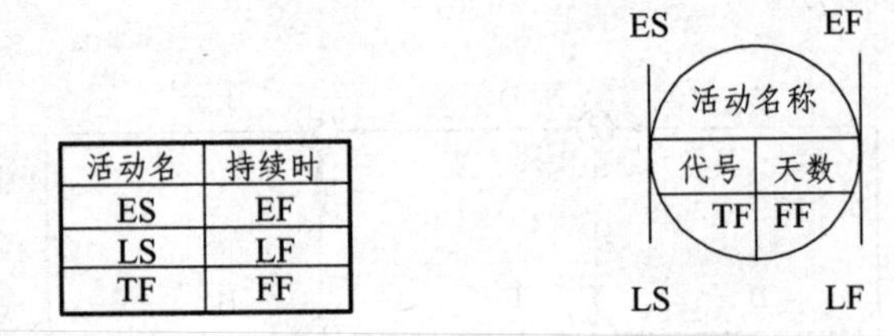

图 3.14　单代号网络图的节点表示

在单代号网络图中，活动用节点表示。把这些节点按其代表的活动的先后顺序、互相依存和互相制约的关系，用箭杆联系起来就构成了一套完整的工作计划。网络计划中，最先开始的活动有两个或两个以上时，需增加一个虚设的开始节点，从开始节点引出箭杆与最先开始的活动的节点相连，表示这些活动是最先开始。网络计划中最后结束的活动，无论是一个或是多个，最后都要与增设的一个虚设的结束节点用箭杆相连，以表示网络计划到达结束节点才是计划的全部内容和过程。

2. 逻辑关系模型

最基本的关系有下列 5 种。

（1）A 活动和 B 活动先后衔接，如图 3.15 所示。

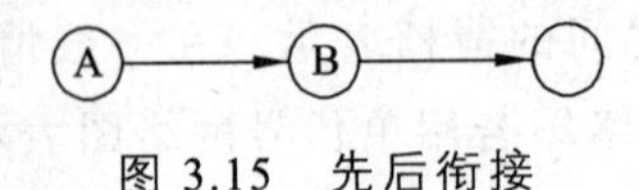

图 3.15　先后衔接

（2）A 活动和 B 活动可以同时结束，如图 3.16 所示。

（3）A 活动和 B 活动可以同时开始，如图 3.17 所示。

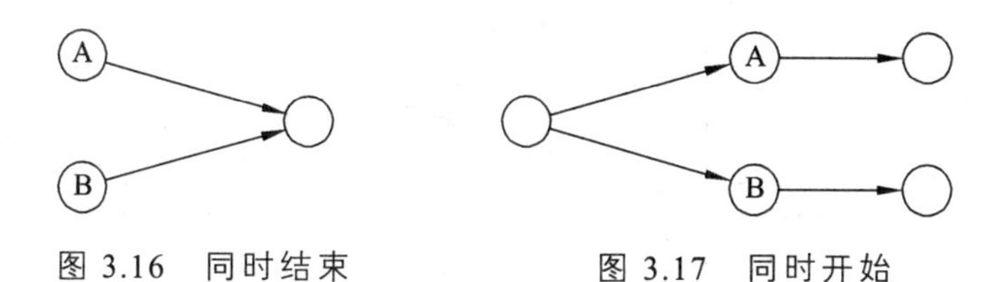

图 3.16　同时结束　　图 3.17　同时开始

（4）A 活动和 B 活动可以同时开始和同时结束，如图 3.18 所示。

（5）A 活动和 B 活动无关，如图 3.19 所示。

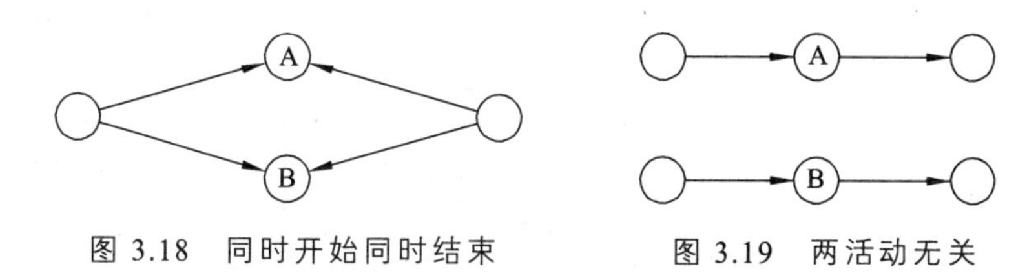

图 3.18　同时开始同时结束　　图 3.19　两活动无关

任何单代号网络图，都是由以上 5 个（或其中一部分）基本模型构成的。

3. 绘图的基本规则

（1）一个节点仅仅表示一项活动。因此，活动的代号不能重复使用。

（2）用数字代表活动的名称时，应由小到大地按活动先后顺序编号。

（3）不允许出现循环的线路。

（4）不允许出现双向箭杆。

（5）除了始、终节点外，所有的节点都应该有内向箭杆和外向箭杆。

（6）在一幅网络图中，单代号和双代号的画法不能混用。

3.2.3　单、双代号网络图对比

单、双代号网络图对比见表 3.4。

表 3.4　单代号网络图与双代号网络图表达关系的对比

序号	逻辑关系	双代号模型	单代号模型
1	A、B 衔接	A B ① ② ③	A B
2	A、B 同时开始	② A ① B ③	A B

续表

序号	逻辑关系	双代号模型	单代号模型
3	A、B同时结束	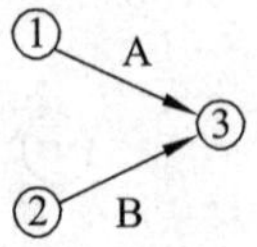	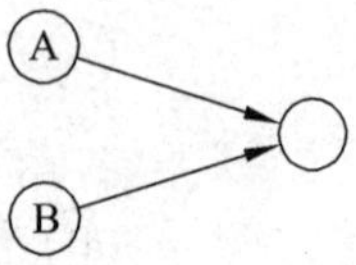
4	A、B同时开始并同时结束	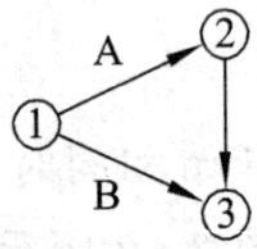	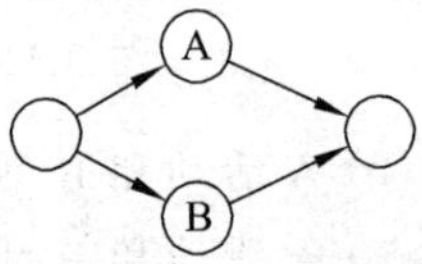
5	A、B无关	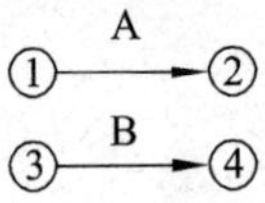	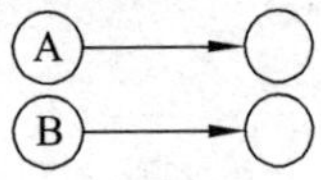
6	B、C都在A之后进行	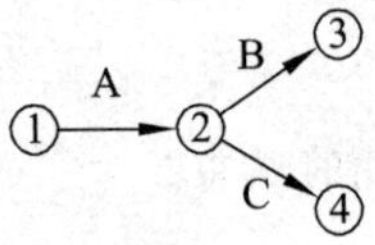	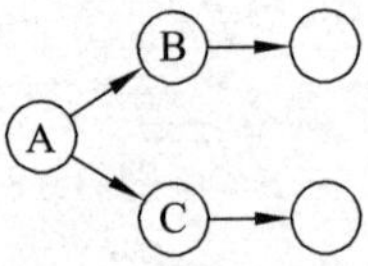
7	C在A、B之后进行	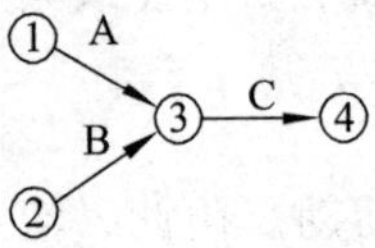	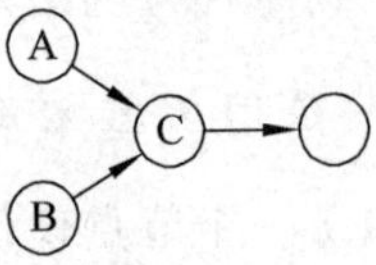
8	C、D都在A、B结束后进行	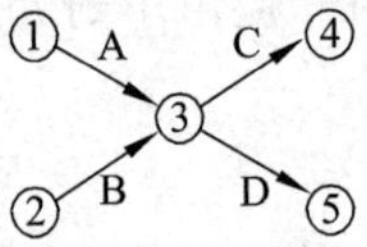	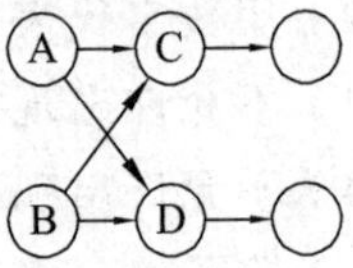
9	C在A后进行，D在A、B后进行	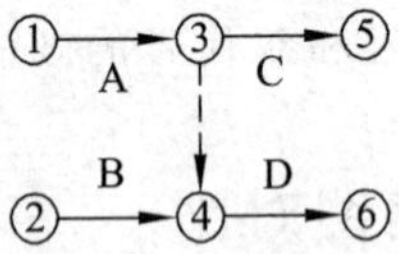	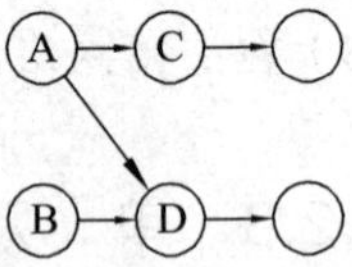

从表3.4可以看出，在不同的情况下，网络图形的复杂程度是不同的。一般地，多个工序在多个施工段的分段作业，用单代号比较简单，而用双代号时要增加许多虚箭杆。在多个工序的相互交叉衔接时，用双代号比较简单，而用单代号时，会有许多箭杆的交叉。故是采用单代号还是双代号绘制，要根据解决问题的对象的具体情况选择。单代号网络图与双代号网络图的区别有：

（1）单代号网络图绘制方便，不必增加虚工作。

（2）单代号网络图具有便于说明、容易被非专业人员所理解和易于修改的优点。

（3）双代号网络图表示工程进度比用单代号网络图更为形象，特别是在应用带时间坐标的网络图中。

（4）双代号网络图应用电子计算机进行计算和优化的过程更为简便，这是因为双代号网络图中用两个代号代表一项工作，可直接反映其紧前或紧后工作的关系；而单代号网络图就必须按工作逐个列出其紧前紧后关系，这在计算机中需占用更多的存储单元。

（5）双代号网络图绘制时容易产生逻辑关系错误。

由于单代号和双代号网络图上述各自的优缺点，且两种表达方法在不同的情况下其表现的繁简程度不同，所以它们互为补充、各具特色。

双代号网络图需增添虚活动，绘制、调整麻烦，影响应用，加之施工生产的复杂性要求网络图表达更多的逻辑关系，搭接网络应用增多，单代号网络逐渐在取代双代号网络图。

单代号网络图与双代号网络图除了符号的用法、意义不同外，绘图的步骤基本相似。绘图的步骤如下：

（1）根据对工序间的逻辑关系的描述，画出相关工序间的网络模型。

（2）把相关工序间的网络模型连接起来。

（3）将网络图进行整理。

3.3　网络计划时间参数的计算

网络图的建立是为了确定各项活动之间的逻辑关系，属于定性指标。为了充分发挥网络图的作用，需要对网络计划进行定量的计算。这些计算是为了确定计划、控制计划、执行计划和修改计划，使网络图具有实际应用的价值。

网络图中各项活动的持续时间可以分为肯定型时间和非肯定型时间，本节仅对肯定型时间参数的计算进行分析，非肯定型时间参数的计算在下一节讲述。

网络计划时间参数计算的内容有：

（1）完成工程的最小时间——工程工期。

（2）各项活动的可能开始和结束时间。

（3）不影响工期的前提下，各活动的允许机动时间——时差。

（4）控制工程工期的关键线路和关键活动。

3.3.1　网络计划的时间参数

网络计划应确定下列基本时间参数：

（1）活动的持续时间 t_{ij}（Activity time）。

（2）活动的最早可能开始时间 ES_{ij}（Earliest start time）。

（3）活动的最迟必须开始时间 LS_{ij}（Latest start time）。

（4）活动的最早可能结束时间 EF_{ij}（Earliest finish time）。

（5）活动的最迟必须结束时间 LF_{ij}（Latest finish time）。

（6）活动的总时差 TF_{ij}（Total float）。

（7）活动的自由时差（又称局部时差）FF_{ij}（Free float）。

3.3.2 网络计划时间参数的计算

单、双代号网络计划的表现形式不同，但时间参数的计算在原理上是一样的，计算步骤相同，下面以双代号网络计划为例说明计算方法。

1. 活动持续时间的计算

活动持续时间是网络计划最基本的参数。如果没有活动持续时间，网络计划就失去了自身存在的意义。

2. 活动开始和结束时间的计算

活动开始和结束时间的计算可采用图上计算法和表上计算法进行。现以图 3.20 为例介绍图上计算法计算网络图中的上述时间参数。

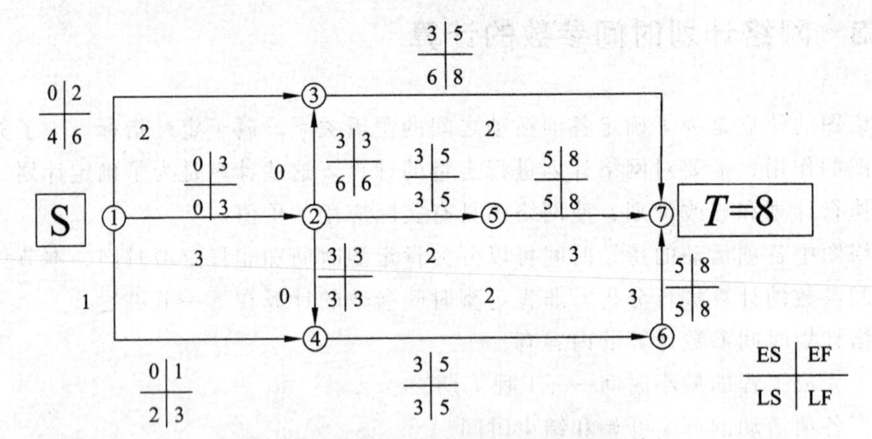

图 3.20 双代号网络图时间参数计算

图上计算法是直接在网络图上推算各活动的各有关时间参数，并直接把计算结果标注在相应箭杆的上方，并无统一规定标准方式，现采取“十”字坐标标注方式，即将计算所得的结果标注在“十”字坐标的各相应象限内。

1）活动最早时间（ES、EF）的计算

活动的最早时间参数包括最早可能开始时间和最早可能结束时间，限制着活动提前开始或结束的时间。它与紧前活动的时间参数有紧密的关系，首先受到开始节点的开始时间（TE_i）的限制。一般假定 $TE_i=0$，即与网络图开始节点连接的所有活动的最早开始时间都是零，由此顺箭流计算，直至网络图的结束节点。在计算过程中，便直接将结果标注在图上，如图 3.20 所示。

在图 3.20 中，设 $TE_1 = 0$（TE_1——节点 1 的开始瞬时时间）

故 $$ES_{12} = ES_{13} = ES_{14} = TE_1 = 0$$

活动的最早可能结束时间等于本活动的最早可能开始时间和本活动持续时之和，即

$$EF_{ij} = ES_{ij} + t_{ij} \tag{3.1}$$

如图 3.20 所示（活动持续时间写在箭杆上方），可计算得

$$EF_{12} = ES_{12} + t_{12} = 0 + 3 = 3$$
$$EF_{13} = ES_{13} + t_{13} = 0 + 2 = 2$$
$$EF_{14} = ES_{14} + t_{14} = 0 + 1 = 1$$

活动的最早可能开始时间应在其紧前活动的最早可能结束时间以后，即

$$ES_{jk} = EF_{ij} \tag{3.2}$$

如图 3.20 所示，

$$ES_{23} = ES_{24} = EF_{12} = 3$$
$$EF_{23} = ES_{23} + t_{23} = 3 + 0 = 3$$
$$EF_{24} = ES_{24} + t_{24} = 3 + 0 = 3$$

如果某个活动有多个紧前活动时，必须等所有的紧前活动均完成以后才能开始，该活动的最早可能开始时间应是多个紧前活动的最早可能结束时间中的最大值。

$$ES_{ij} = \max\{EF_{ni}\}\ (n<i) \tag{3.3}$$

如图 3.20 所示，

$$ES_{37} = \max\{EF_{13},\ EF_{23}\} = \max\{2,\ 3\} = 3$$

其他最早时间参数计算结果见图 3.20。

与网络图的结束节点连接的所有活动最早可能结束时间的最大值便是结束节点的结束时间。

$$TL_j = \max\{EF_{nj}\}\ (n>j)\ (TL_j\text{——结束节点的结束瞬时时间})$$

如图 3.21 所示，

$$TL_7 = \max\{EF_{37},\ EF_{57},\ EF_{67}\} = \max\{5,\ 8,\ 8\} = 8$$

2）活动最迟时间（LS、LF）的计算

活动的最迟时间参数包括最迟必须开始时间和最迟必须结束时间。它是在不影响工程的总工期的前提下本活动最迟必须开始或完成的时间，受结束节点结束时间 TL_j（j 为结束节点代号）的约束，每个活动的最迟时间也都受着它们紧后活动的最迟时间的约束。所以各个活动的最迟时间应从网络图的结束节点开始逆箭流计算直至开始节点，并将计算结果标注在图上。

如图 3.20 所示，$TL_7 = 8$

与结束节点连接的所有活动最迟必须结束的时间等于结束节点的结束时间，即

$$LF_{37} = LF_{57} = LF_{67} = TL_7 = 8$$

活动的最迟必须开始时间等于本活动的最迟必须结束时间和本活动持续时间之差，即

$$LS_{ij} = LF_{ij} - t_{ij} \tag{3.4}$$

如图 3.20 所示，

$$LS_{37} = LF_{37} - t_{37} = 8 - 2 = 6$$

$$LS_{57} = LF_{57} - t_{57} = 8 - 3 = 5$$

由于总工期的限制，在紧后活动的最迟必须开始时间之前紧前活动必须结束，即

$$LF_{ij} = LS_{jk} \tag{3.5}$$

如图 3.20 所示，

$$LF_{25} = LS_{57} = 5$$

$$LF_{46} = LF_{67} = 5$$

$$LF_{13} = LF_{23} = LS_{37} = 6$$

如果某个活动有多个紧后活动时，该活动必须在所有活动开始之前完成，该活动的最迟必须结束时间便应为多个紧后活动的最迟必须开始时间中的最小值，即

$$LF_{ij} = \min\{LS_{jn}\}\ (n>j) \tag{3.6}$$

如图 3.21 所示，

$$LF_{12} = \min\{LS_{23},\ LS_{24},\ LS_{25}\} = \min\{3,\ 3,\ 3\} = 3$$

其他最迟时间参数的计算结果见图 3.21。

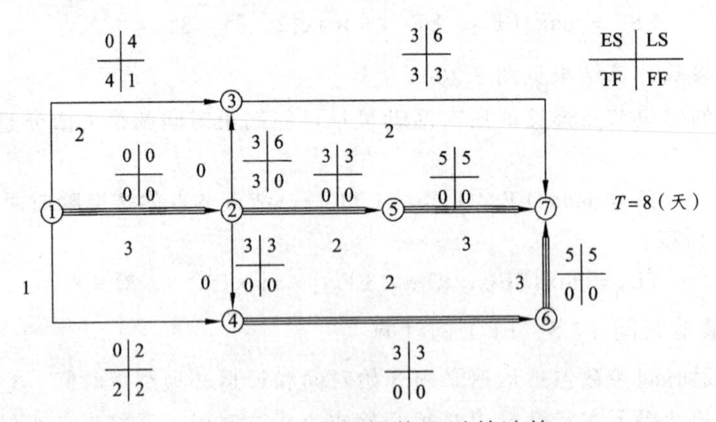

图 3.21　双代号网络图时差计算

从以上计算可以看出，有多个紧前活动时最早时间取大值，有多个紧后活动时最迟时间取小值，即“早大迟小”。

3. 时差的计算与分析

采用图上计算法计算时差时，各时间参数计算结果在“十”字坐标中的位置规定为：

1）总时差（TF）的计算

从图 3.21 可见，各项活动中，某些活动的最早可能开始时间和最迟必须开始时间相同，或者说开始时间值仅有一个，例如活动①—②、②—⑤和⑤—⑦。而某些活动则有 2 个不同的开始时间值（自然它们的最早可能结束时间和最迟必须结束时间也不同，或者说也有 2 个不同的结束时间值），例如活动①—③的开始时间，最早是 0，最迟是 4；又如活动③—⑦的开始时间，最早是 3，最迟是 6 等。

一个活动的两个开始时间值之差就是这个活动的总时差；或者说，一个活动的两个结束时间值之差也就是这个活动的总时差。总时差用 TF_{ij} 表示，其计算式如下：

$$TF_{ij} = LS_{ij} - ES_{ij} = LF_{ij} - EF_{ij} \tag{3.7}$$

如图 3.21 所示，各项活动的总时差计算如下：

$$TF_{12} = LS_{12} - ES_{12} = 0 - 0 = 0$$
$$TF_{13} = LS_{13} - ES_{13} = 4 - 0 = 4$$
$$TF_{14} = LS_{14} - ES_{14} = 2 - 0 = 2$$
$$TF_{23} = LS_{23} - ES_{23} = 6 - 3 = 3$$
$$TF_{24} = LS_{24} - ES_{24} = 3 - 3 = 0$$
$$TF_{25} = LF_{25} - ES_{25} = 3 - 3 = 0$$
$$TF_{37} = LF_{37} - ES_{37} = 6 - 3 = 3$$
$$TF_{46} = LS_{46} - ES_{46} = 3 - 3 = 0$$
$$TF_{57} = LS_{57} - ES_{57} = 5 - 5 = 0$$
$$TF_{67} = LS_{67} - ES_{67} = 5 - 5 = 0$$

总时差具有对网络计划整体产生影响的意义。

2）关键线路

活动的最早可能开始时间若等于最迟必须开始时间时，它的总时差就等于零，这就表明该项活动的开始时间没有机动时间，也就是说没有任何松动余地，故而它们被称为“关键活动”。如图 3.21 中的活动①—②、②—⑤和⑤—⑦。全部由关键活动构成的线路被称为“关键线路”，即图 3.21 中的①—②—⑤—⑦线路。为了醒目起见，关键线路通常用加粗箭杆的方式表示。

总时差不等于零的活动都被称为非关键活动。有非关键活动组成的线路，都被称为非关键线路。由于关键活动和非关键活动在网络计划中必然存在着一定的逻辑关系，某些关键活动必然会既存在于关键线路中又存在于非关键线路中，即非关键线路有时会包含有某些关键活动。非关键线路与关键线路相交（或相重）时的相关节点把非关键线路划分成若干个非关键线路段。各段都有它们各自的总时差，各段之间没有关系。

总时差不等于零的活动，使用全部或部分总时差时，则通过该活动线路上所有的非关键活动的总时差都会消失或减少。当非关键活动的总时差消失为零时，就转变为关键活动了。

关键线路的特点：

（1）关键线路是网络计划从开始节点到结束节点持续时间最长的线路。

（2）关键线路有可能有多条。

（3）非关键活动使用完总时差或延长时间超过总时差时，转变为关键活动。

3）自由时差（FF）的计算

自由时差是指在不影响紧后活动最早可能开始时间的条件下，允许本活动能够有机动余地的最大幅度。在这个范围内，延长本活动的持续时间，或推迟本活动的开始时间，都不会影响紧后活动的最早可能开始时间。自由时差用 FF_{ij} 表示，计算式如下：

$$FF_{ij} = ES_{jk} - EF_{ij} = ES_{jk} - ES_{ij} + t_{ij} \tag{3.8}$$

由于自由时差仅为某些非关键活动所自由使用，故亦称之为局部时差。如图 3.22 中活动①—② $EF_{12} = 3$，活动③—⑦ $ES_{37} = 3$，显然活动①—③的结束时间若为 3，则还不致影响活动③—⑦的最早可能开始时间。自由时差必小于总时差。总时差为零的活动，其自由时差也必为零。

如图 3.21 所示，各项活动的自由时差相应的计算结果已分别填写在图中“十”字坐标的右下象限位置内：

$$EF_{12} = ES_{23} - ES_{12} - t_{12} = 3 - 0 - 3 = 0$$
$$EF_{13} = ES_{37} - ES_{12} - t_{13} = 3 - 0 - 2 = 1$$
$$EF_{14} = ES_{46} - ES_{14} - t_{14} = 3 - 0 - 1 = 2$$
$$EF_{23} = ES_{37} - ES_{23} - t_{23} = 3 - 3 - 0 = 0$$
$$EF_{24} = ES_{46} - ES_{24} - t_{24} = 3 - 3 - 3 = 0$$
$$EF_{25} = ES_{57} - ES_{25} - t_{25} = 5 - 3 - 2 = 0$$
$$EF_{37} = TL_7 - ES_{37} - t_{37} = 8 - 3 - 2 = 3$$
$$EF_{46} = ES_{67} - ES_{46} - t_{46} = 5 - 3 - 2 = 0$$
$$EF_{56} = TL_7 - ES_{57} - t_{57} = 8 - 5 - 3 = 0$$
$$EF_{67} = TL_7 - ES_{67} - t_{67} = 8 - 5 - 3 = 0$$

3.4　非肯定型网络计划

前面所述的网络计划中各项活动之间的逻辑关系是肯定不变的，每项活动的完成时间也是确切不变的，这种网络计划称为肯定型网络计划。关键线路法（CPM）就是这种网络计划技术的主要代表。但是在实际工作中，往往由于一些预见不到的因素和客观条件的变化，一些活动的完成时间并不能肯定，不可能绝对按计划时间完成，总会有些改变，即每项活动的时间参数是一个随机变量，由这些活动所构成的网络计划称为非肯定型网络计划。一般来说，非肯定型网络计划是更常见的，特别是一些复杂的工程，或者是本单位从未做过的工程以及某些科研项目，大多都属于这种类型。非肯定型网络计划方法有计划评审法（Program Evaluation and Review Technique，PERT）

以及图例评审法（Graphical Evaluation and Review Technique，GERT）等，其中计划评审法应用得较多，现将其主要内容介绍于下。

3.4.1　活动持续时间的分析

1. 每项活动的 3 个估计时间

当对完成计划中的某项活动不能提出一个确切的时间时，应根据过去经验等提出完成该活动的 3 个估计时间，即：

（1）最少的时间，即在最顺利的条件下估计能完成的时间，亦称最乐观时间，用 a 表示。

（2）最长的时间，即在最困难的情况下完成活动的估计时间，亦称最保守时间（或最悲观时间），用 b 表示。

（3）最大可能的时间，即在正常工作条件下完成活动需用的时间，亦是完成机会最多的估计时间，用 c 表示。

肯定型网络计划的每项活动只有一个确切的完成持续时间，而非肯定型网络计划的每项活动则要提出 3 个时间估计，这是两者的主要区别。

2. 随机过程出现概率的分布

非肯定型网络中的上述 a、b、c 3 种时间是随机过程出现频率分布的 3 个有代表性的数值。该频率分布的主要特点是：所有可能估计值均位于 a 和 b 两边界之间。如果将该随机过程进行若干次，可以得到出现不同频率的各时间估计值位于以 a 和 b 为界的区间内。

如果该过程进行无限多次，则出现的频率分布将趋于一条连续的正态分布曲线。按正态分布分析，可以使计算大为简化，并可估计出实现的概率，对计划的执行作出预测。

求解非肯定型网络计划是根据概率统计理论，求出平均持续时间后，就按解肯定型网络计划的方法进行计算分析；同时根据概率分布规律可确定各种时间参数所出现的概率，作出客观的预测。

3. 时间估计期望值 T_{m} 的计算

时间估计期望值是根据下列假定计算的：

（1）假定“完成机会最多的估计时间 c”出现的可能性是两倍于“最乐观时间 a”。则用加权平均方法计算，得 a、c 之间的平均值是：$(a+2c)/3$。

（2）假定“完成机会最多的估计时间 c”出现的可能性也是两倍于“最保守时间 b”。同样用加权平均方法计算，得 b、c 之间的平均值为：$(b+2c)/3$。

（3）完成该项活动的时间按上述所求得的两个平均值，各以 1/2 可能性出现的分布来代表它。则该项活动的时间估计期望值 T_{m} 可按下式求出：

$$T_{\mathrm{m}}=\frac{1}{2}\left(\frac{a+2c}{3}+\frac{b+2c}{3}\right)=\frac{a+4c+b}{6} \tag{3.9}$$

3.4.2 持续时间的离散性分析

用方差 σ 来衡量活动估计的平均持续时间估计偏差的大小。方差越大，说明时间估计期望值分布的离散程度越大，实现的概率便越小。反之，方差越小，说明其分布的离散程度也越小，实现的概率就越大。

方差 σ 按下式计算：

$$\sigma_i^2=\frac{1}{2}\left[\left(\frac{a+4c+b}{6}-\frac{a+2c}{3}\right)^2+\left(\frac{a+4c+b}{6}-\frac{b+2c}{3}\right)^2\right]=\left(\frac{b-a}{6}\right)^2 \tag{3.10}$$

对整个网络计划来说，可通过该网络计划关键线路上各项活动的方差，求得各方差总和的平方根，称为“标准离差 σ”，以标准离差的大小来衡量实现网络计划的可能性。

标准离差 σ 的计算公式如下：

$$\sigma=\sqrt{\Sigma\sigma_i^2} \tag{3.11}$$

式中　σ_i^2——网络计划关键线路上各活动的方差。

3.4.3 网络计划实现的可能性

设有一个非肯定型网络计划，其关键线路上各活动的时间估计期望值之和为 M，关键线路的标准离差为 σ，计划完成的规定工期为 T，则该网络计划实现的可能性可通过 λ 值的计算，查表 3.5，便可得出其实现概率 P。λ 值可按下式计算：

$$P(-\lambda)=1-P(\lambda)$$

表 3.5　计划实现概率表

λ 值	实现概率 P	λ 值	实现概率 P	λ 值	实现概率 P	λ 值	实现概率 P
0.0	0.500 0	0.8	0.788 1	1.6	0.945 2	2.4	0.991 8
0.1	0.539 8	0.9	0.815 9	1.7	0.955 4	2.5	0.993 8
0.2	0.579 3	1.0	0.841 3	1.8	0.964 1	2.6	0.995 3
0.3	0.617 9	1.1	0.864 3	1.9	0.971 3	2.7	0.996 5
0.4	0.655 4	1.2	0.884 9	2.0	0.977 3	2.8	0.997 4
0.5	0.691 5	1.3	0.903 2	2.1	0.982 1	2.9	0.998 1
0.6	0.725 7	1.4	0.919 2	2.2	0.986 1	3.0	0.998 7
0.7	0.758 0	1.5	0.933 2	2.3	0.989 3	3.1	0.999 0

【例 3.1】　图 3.22 所示为一个非肯定型网络计划图，图中箭杆上面的数据分别为该活动的 a、c、b 3 个估计时间，规定完成计划的时间有 A、B 两个方案（分别为 16 月、20 月），要求确定该计划在 A、B 两个方案的规定工期内完成的可能性。

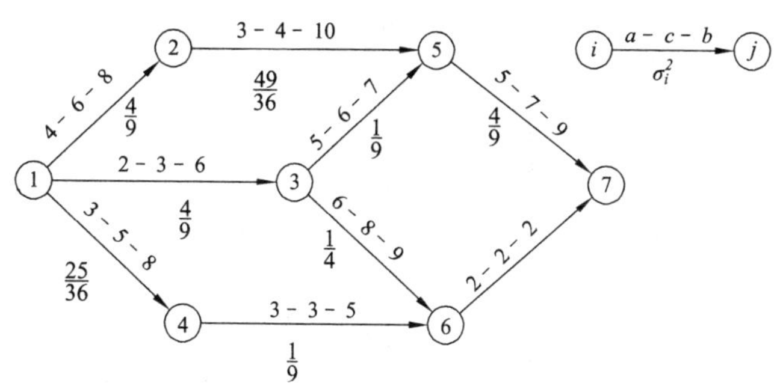

图 3.22　非肯定型网络计划

【解】　（1）根据公式（3.9）计算每项活动的时间估计期望值 T_{m}：

活动①—②：$T_{\mathrm{m}}=\dfrac{4+4\times6+8}{6}=6$

活动①—③：$T_{\mathrm{m}}=\dfrac{2+4\times3+6}{6}=3.3$

活动①—④：$T_{\mathrm{m}}=\dfrac{3+4\times5+8}{6}=5.2$

活动②—⑤：$T_{\mathrm{m}}=\dfrac{3+4\times4+10}{6}=4.8$

活动③—⑤：$T_{\mathrm{m}}=\dfrac{5+4\times6+7}{6}=6$

活动③—⑥：$T_{\mathrm{m}}=\dfrac{6+4\times8+9}{6}=7.8$

活动④—⑥：$T_{\mathrm{m}}=\dfrac{3+4\times3+5}{6}=3.3$

活动⑤—⑦：$T_{\mathrm{m}}=\dfrac{5+4\times7+9}{6}=7$

活动⑥—⑦：$T_{\mathrm{m}}=\dfrac{2+4\times2+2}{6}=2$

（2）将非肯定网络图视为肯定性网络图，找出关键线路。

时间参数计算结果见表 3.6，关键线路为①—②—⑤—⑦。

（3）计算关键线路的方差及标准离差。

活动①—②：$\sigma_{1-2}^2=\left(\dfrac{8-4}{6}\right)^2=\left(\dfrac{2}{3}\right)^2$

活动②—⑤：$\sigma_{2-5}^2=\left(\dfrac{10-3}{6}\right)^2=\left(\dfrac{7}{6}\right)^2$

活动⑤—⑦：$\sigma_{5-7}^2=\left(\dfrac{9-5}{6}\right)^2=\left(\dfrac{2}{3}\right)^2$

表 3.6 网络的时间参数计算

活 动	时间估计期望值 T_m	最早开始时间 ES	最迟开始时间 LS	总时差 TF
①—②	6	0	0	0
①—③	3.3	0	1.5	1.5
①—④	5.2	0	7.1	7.1
②—⑤	4.8	6	6	0
③—⑤	6	3.3	4.8	1.5
③—⑥	7.8	3.3	8	4.7
④—⑥	3.3	5.2	12.3	7.1
⑤—⑦	7	10.8	10.8	0
⑥—⑦	2	11.1	15.8	4.7

关键线路时间估计期望值之和 T：

$$T = 6 + 4.8 + 7 = 17.8\text{（月）}$$

标准离差σ：

$$\sigma = \sqrt{\sigma_{1-2}^2 + \sigma_{2-5}^2 + \sigma_{5-7}^2}$$

（4）计算方案的实现概率。

方案 A：

$$\lambda = \frac{16-17.8}{1.5} = -1.2,\ P = 0.115\,1$$

方案 B：

$$\lambda = \frac{20-17.8}{1.5} = 1.467,\ P = 0.928\,6$$

3.4.4 非肯定型网络计划事件的实现概率

在非肯定型网络计划中，将两个事件之间（即活动）的时间估计期望值 T_m 作为工作的持续时间，可以利用双代号网络图的数学模型进行时间参数计算，计算时假定整个时间分布呈正态分布，如图 3.23 所示。

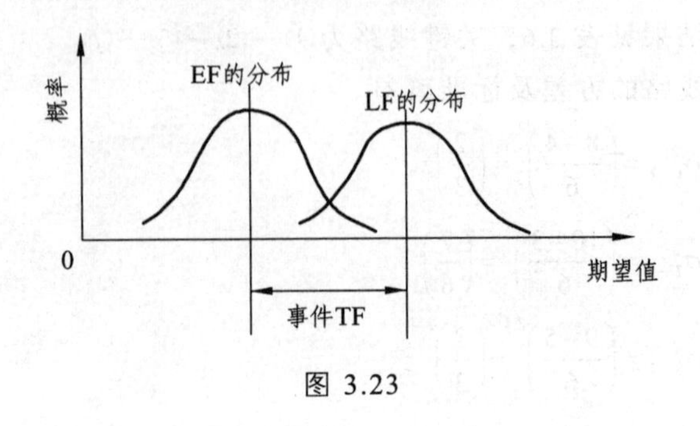

图 3.23

从开始节点到事件（节点）的活动越多，则假定更精确，因为正负偏态分布是随机的，相互抵消的可能性越大。

1. 时间参数的计算

计划评审法是以事件（节点）为基础的，其时间参数的计算如下：

事件的最早时间 EF：与整个网络图结束节点的完成时间参数计算一样，即取以该节点为结束节点的各活动的最早完成时间的最大值。

事件的最迟时间 LF：取以该节点为开始节点的各活动的最迟必须开始时间的最小值。

2. 事件的标准离差σ

从开始节点到达需计算节点的线路有多条，应按时间最长的线路计算节点的标准离差，如果线路时间相等应选择标准离差较大的一条线路。标准离差的计算同式（3.11）。

3. 事件的实现概率 P

事件的总时差 TF 用最迟时间与最早时间的差计算。需注意的是：在非肯定型网络计划中，可以对总工期（结束节点）或其他节点规定实现的期限，这时最迟时间的计算应以规定的期限作为总工期计算，而当规定拟计算节点的期限时，其最迟时间就是规定的节点期限。

$$\lambda = \frac{\mathrm{TF}}{\sigma} \tag{3.12}$$

实现概率 P 可以根据λ值查相应的概率表。

规定工期大于计算工期时，各活动相应的最迟时间增加了其二者的差值，所有活动的总时差均增加一个差值（包括关键活动），关键活动的时差不再为 0，由时差最小的工作组成关键线路。当有多个紧前活动时，用 ES 较大的活动计算节点的 ES。

【例 3.2】 图 3.22 所示为一个非肯定型网络计划图，图中箭杆上面的数据分别为该活动的 a、b、c 3 个估计时间，试求线路累计方差和各节点的工期为 20 个月时的实现概率。

【解】（1）活动时间参数计算结果见表 3.6。

（2）节点（事件）的最早时间：

$$\mathrm{ES}_1 = 0 \qquad \mathrm{ES}_2 = \mathrm{EF}_{1-2} = 6$$

$$\mathrm{ES}_3 = \mathrm{EF}_{1-3} = 3.3 \qquad \mathrm{ES}_4 = \mathrm{EF}_{1-4} = 5.2$$

$$\mathrm{ES}_5 = \max\{\mathrm{EF}_{2-5},\ \mathrm{EF}_{3-5}\} = 10.8$$

$$\mathrm{ES}_6 = \max\{\mathrm{EF}_{3-6},\ \mathrm{EF}_{4-6}\} = 11.1$$

$$\mathrm{ES}_7 = \max\{\mathrm{EF}_{5-7},\ \mathrm{EF}_{6-7}\} = 17.8$$

（3）节点的最迟必须开始时间：

节点 6：$\lambda = 8.28$，　$P = 1$

节点 7：$\lambda = 1.467$，$P = 0.928\ 6$

可见，终节点⑦的实现概率等于网络计划的实现概率。

按一般网络计划，终点⑦的 $ES_7 = LS_7$，但是本例规定工期为 20 个月，因此终点最迟必须开始时间为 $LS_7 = 20$，按此倒推其他节点 LS。

$LS_6 = 18$　　$LS_5 = 13$　　$LS_2 = 8.2$　　$LS_4 = 14.7$

$LS_3 = \min\{LS_{3-5}，LS_{3-6}\} = 7$　$LS_1 = \min\{LS_{1-2}，LS_{1-3}，LS_{1-4}\} = 2.2$

（4）总时差的计算：TF = LS − ES

$TF_1 = 2.2$　　$TF_2 = 2.2$　　$TF_3 = 3.7$　　$TF_4 = 9.5$

$TF_5 = 2.2$　　$TF_6 = 6.9$　　$TF_7 = 2.2$

（5）关键线路的确定，由于规定工期与计算工期相差 2.2 月，因此 TF = 2.2 的连线组成关键线路：①—②—⑤—⑦。

（6）线路累计方差和 $\sum\sigma_i^2 = \sum\sigma_n^2 + \sum\sigma_{n-i}^2$，其中工作 $n—i$ 是节点 i 的所有紧前工作活动中 EF 最大的工作，如果 EF 相等，取方差和的较大者计算。

$\sum\sigma_1^2 = 0$　　$\sum\sigma_2^2 = \frac{4}{9}$　　$\sum\sigma_3^2 = \frac{4}{9}$　　$\sum\sigma_4^2 = \frac{25}{36}$

$\sum\sigma_5^2 = \frac{65}{36}$　　$\sum\sigma_6^2 = \frac{25}{36}$　　$\sum\sigma_7^2 = \frac{9}{4}$

（7）计算各节点的实现概率。

节点 1：$\lambda = \infty$，　$P = 1$

节点 2：$\lambda = 3.3$，　$P = 0.999\ 0$

节点 3：$\lambda = 5.55$，　$P = 1$

节点 4：$\lambda = 11.4$，　$P = 1$

节点 5：$\lambda = 1.637$，　$P = 0.950\ 0$

节点 6：$\lambda = 8.28$，　$P = 1$

节点 7：$\lambda = 1.467$，　$P = 0.928\ 6$

可见，终节点 7 的实现概率等于网络计划的实现概率。

3.5 日历网络计划

3.5.1 日历网络计划的特点

日历网络计划是网络计划的另一种表示形式，亦称时间坐标网络计划，简称时标网络图。在前述网络计划中，箭杆长短并不表明时间的长短，因而不如横道图能直观地看出每个活动在总工期上所处的开始和结束时间的位置。为了综合网络图和横道图的优点，在日历网络计划中，箭杆长短和所在的位置表示活动的时间进程，这是日历网络计划的主要特点。

由于日历网络计划形同水平进度计划，具备网络图与横道图的优点，因而表达清晰醒目，编制亦方便，在编制过程中又能看出前后各活动的逻辑关系。这是一种深受计划部门欢迎的形式。它具备以下特点：

（1）日历网络计划既是一个网络计划，又是一个进度计划。它能标明计划的时间进程，便于网络计划的使用。

（2）日历网络计划能在图上显示各项活动的开始与完成时间、时差和关键线路。

（3）日历网络计划便于在图上计算劳动力、材料等资源的需用量，并能在图上调整时差，进行网络计划的时间和资源的优化。

（4）日历网络计划的调整工作较繁。一般网络计划，若改变某一活动的持续时间，只需更动箭杆上所标注的时间数字。但是，日历网络计划是用箭杆或线段的长短来表示每一活动的持续时间的，改变时间就需改变箭杆的长度和位置，这样往往会引起整个网络图的变动。

日历网络计划对以下两种情况比较适用：

（1）活动项目较少并且工艺过程简单的工程施工计划，它能迅速地边绘、边算、边调整；对活动项目较多，并且工艺复杂的工程仍以采用常用的网络计划为宜。

（2）将已编制并计算好的网络计划绘制成日历网络计划，以便在图上直接表示各活动的进程。

3.5.2 日历网络计划的表示形式

日历网络计划有双代号、单代号与水平进度表三种表示形式：

1. 双代号日历网络计划

双代号日历网络计划是在双代号网络计划的基础上配以时间坐标绘制而成的。

例如图 3.24 所示的双代号网络计划，已分别计算出每个活动的最早可能开始时间 ES、最迟必须开始时间 LS 及总时差 TF。

图中各活动后面的数字表示所在的施工段编号，例如挖槽 1 表示第一施工段的挖槽工作，其余类同。在双代号日历网络计划中，箭杆沿水平方向画，其长短表示活动持续时间。用粗实线箭杆表示关键活动，双实线（或细实线）箭杆表示非关键活动，粗虚线表示总时差，垂直虚箭线表示活动之间的衔接关系。

双代号日历网络计划可按活动最早可能开始时间来绘制，也可按最迟必须开始时间来绘制。

按活动最早可能开始时间绘制日历网络计划的步骤如下：

（1）计算网络计划各活动的时间参数。

（2）在有横向时间坐标刻度的表格上，按每项活动的最早可能开始时间确定其节点位置，并按持续时间的长短画出箭杆。例如图 3.24 所示的双代号网络计划，有挖槽、垫层、基础、砖基、回填土 5 项活动，可分别按其最早可能开始时间将其开始节点画在相应时间坐标位置上，如图 3.25 所示。以第一施工段的垫层 1 活动为例，因其最早可能开始时间 ES = 2，故其节点②画在时间坐标第 2 天末位置处。在定各节点位置时，一定要将所有内向箭杆全画出以后才能最后确定该节点的位置。

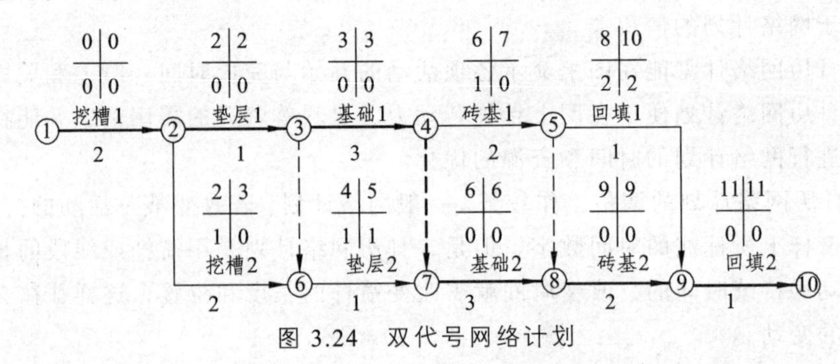

图 3.24　双代号网络计划

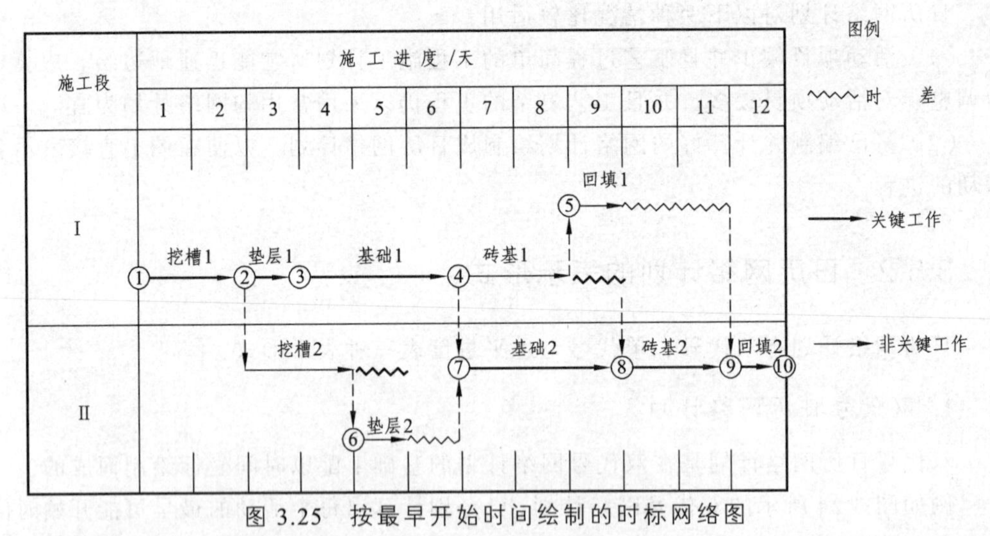

图 3.25　按最早开始时间绘制的时标网络图

（3）将不在同一水平位置而又有衔接关系的箭杆用垂直细虚线加以连接，并用粗虚线绘出各活动的总时差。例如图 3.25 中各非关键活动（挖槽 2、垫层 2、砖基 1、回填 1）的时差分别用波浪线加以表示。从图中很明显地可看出，当前导活动的总时差使用后，则后续活动相继后移。其后移天数相当于前导活动使用的时差。例如图 3.25 中挖槽 2 的一天时差使用后，则垫层 2 相继后移一天，亦刚占用垫层 2 的时差（一天）；当砖基 1 使用一天时差后，回填 1 因原有 2 天时差，仍可后移 1 天。所有这些，在日历网络计划中十分清楚地表示出来，从而施工单位可根据实际劳动力、设备等限制的条件，调整各活动的时差来求得均衡。

（4）检查全部水平箭杆。无时差的箭杆就是关键活动，应绘成粗箭杆，形成关键线路。最后成如图 3.25 所示的形式。

图 3.26 所示是按最迟必须开始时间绘制的日历网络计划。绘制步骤方法与上述相同，仅各活动节点的位置是按最迟必须开始时间来确定。

日历网络计划的绘制方法多样，另一种是，当确定好活动各节点在有横向时间坐标刻度的表格上的位置（按最早可能开始时间计）后，沿水平方向按持续时间长短画出实线箭杆，再用波形线把实线部分与其紧后活动的最早开始节点连接起来，在两线连接处加一圆点予以标明。波形线的水平投影长度就是活动的自由时差。但是不管采用哪种绘制方法，都必须遵守以下规定：

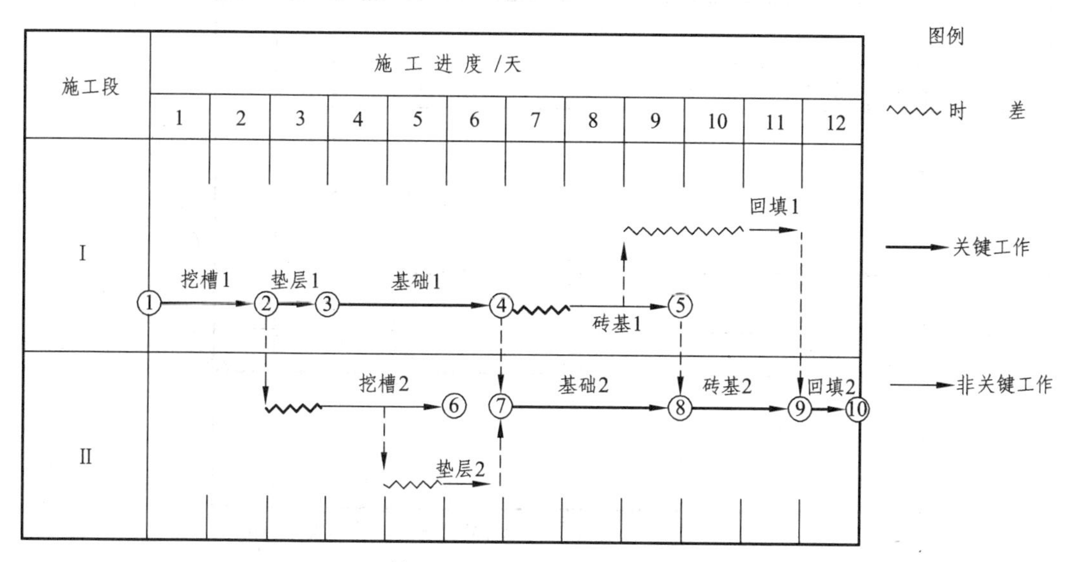

图 3.26 按最迟开始时间绘制的时标网络图

（1）时标网络计划以时间为尺度表示工作时间，时间单位应根据需要在编制前确定，可以为时、天、周、旬、月或季。

（2）应以实箭线表示实工作，虚箭线表示虚工作，波形线表示时差。

（3）时标网络图中所有符号的水平位置及水平投影均应与其所代表的时间值对应。

（4）时间坐标网络图宜采用最早时间绘制，绘制以前先确定时间单位，绘制出时间表，必要时可以在时间坐标之上标注对应的日历时间。

（5）绘制前应先画无时标网络计划草图，计算时间参数，按每项工作的最早开始时间确定箭尾节点在时标上的位置，再按照规定线型绘制出工作和时差，形成时标网络图。

（6）简单网络图不计算时间参数直接绘制按以下步骤：

① 将起始节点确定在起始时间刻线上；

② 绘制起始节点的所有外向箭线；

③ 当所有内向箭线绘制完成后，选最迟的一个箭头确定相应的节点，不足的内向箭线用波形线补足；

④ 按上述方法自左至右，直至终节点完成定位。

2. 单代号日历网络计划

单代号日历网络计划的主要特点是各活动用单代号符号及其联系箭杆绘制，其余均与双代号日历网络计划相同。

图 3.27 所示为用上例所编制的单代号日历网络计划。其各活动均按最早可能开始时间绘制。

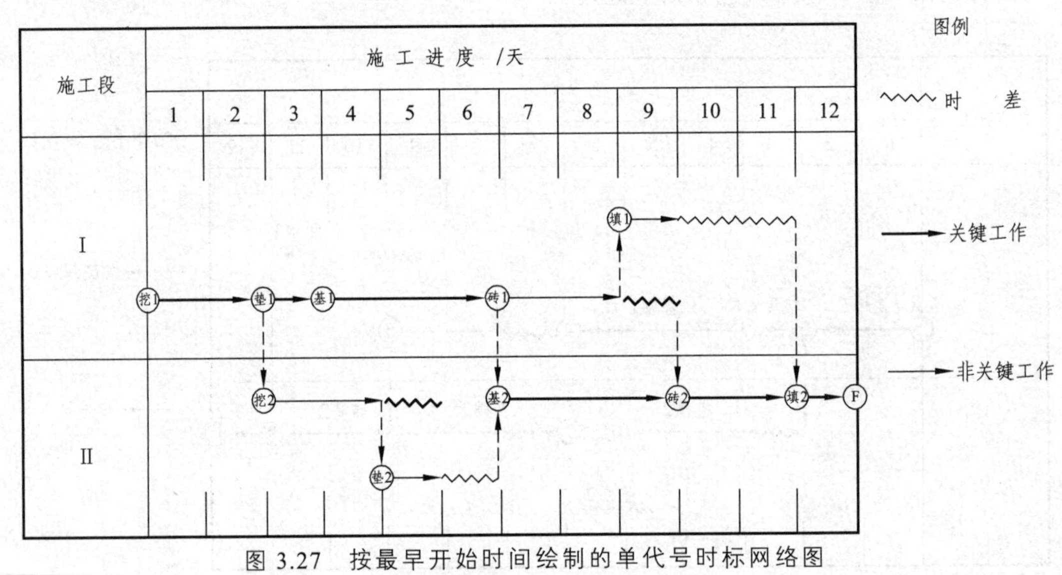

图 3.27 按最早开始时间绘制的单代号时标网络图

在节点中填写活动名称及其施工段编号（如挖槽 1、垫层 1 等，图中简写为挖 1、垫 1 代替）。本来还可填入活动持续时间、资源量、时差，甚至还可填入最早可能开始时间及最迟必须开始时间等，但在日历网络计划中这些已在带时间坐标的水平箭杆中表示，所以往往可以不必填入。

3. 网络计划用水平进度表形式表示

将上述双（单）代号时间坐标网络计划中的节点代号去掉，并标明总时差和关键线路，即成水平进度表形式的网络计划。如图 3.28 所示是按最早可能开始时间（ES）绘制的水平进度表，图 3.29 所示是按最迟可能开始时间（LS）绘制的水平进度表。

这种形式与水平进度表（即横道图）几乎完全一样，只是增加了关键线路和总时差，但是它的实质却是网络计划。这种网络计划与人们熟悉和掌握的横道图在形式上一样，各活动的进度线醒目、清楚，除标明了该工程的关键线路和总时差外，在图上还可以看出这些活动的施工间歇。

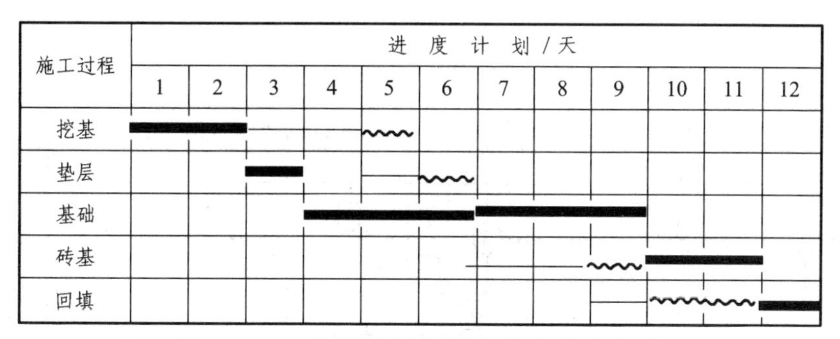

图 3.28　最早开始时间绘制的水平进度表

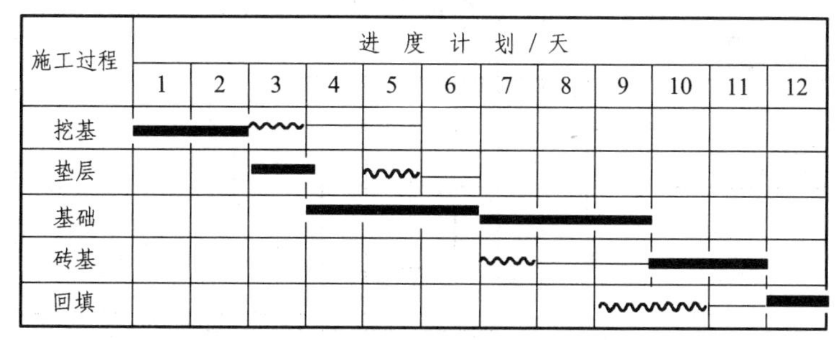

图 3.29　最迟开始时间绘制的水平进度表

3.5.3　利用日历网络计划计算资源需要量

编制出日历网络计划以后，将资源需求量逐天叠加，画出各种资源需要量随进度的动态曲线，即可确定每天所需各种资源的数量（如各专业工种劳动力、各种材料、各种设备及投资的数量等），从而可计算出各资源总需要量计划、最高峰消耗量等，为工程计划管理、现场管理提供可靠的依据。这项计算的工作量较大，复杂的网络计划一般通过计算机来计算，许多现在使用的施工管理软件都能根据生成的网络计划直接处理。

利用日历网络计划进行资源计算时，可分别按最早可能开始时间和最迟必须开始时间绘制出不同的资源需要量曲线。如图 3.30 所示的网络图，方框内是资源需求数量，箭线上的数据为持续时间，图 3.31 和图 3.32 所示分别是以最早和最迟可能开始时间绘制的时间坐标网络图和资源需求曲线，阴影部分为关键工作的资源需求量。

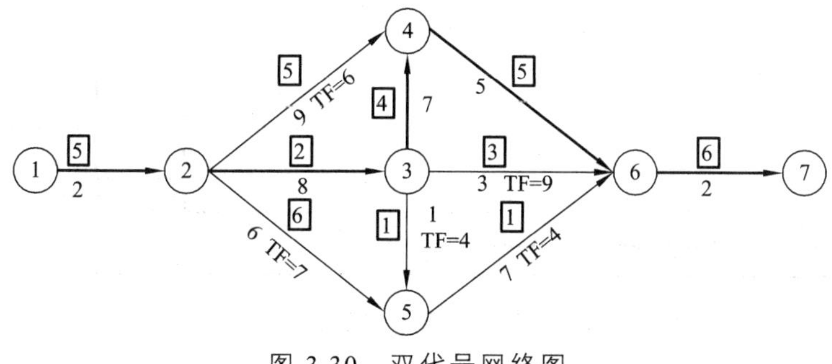

图 3.30　双代号网络图

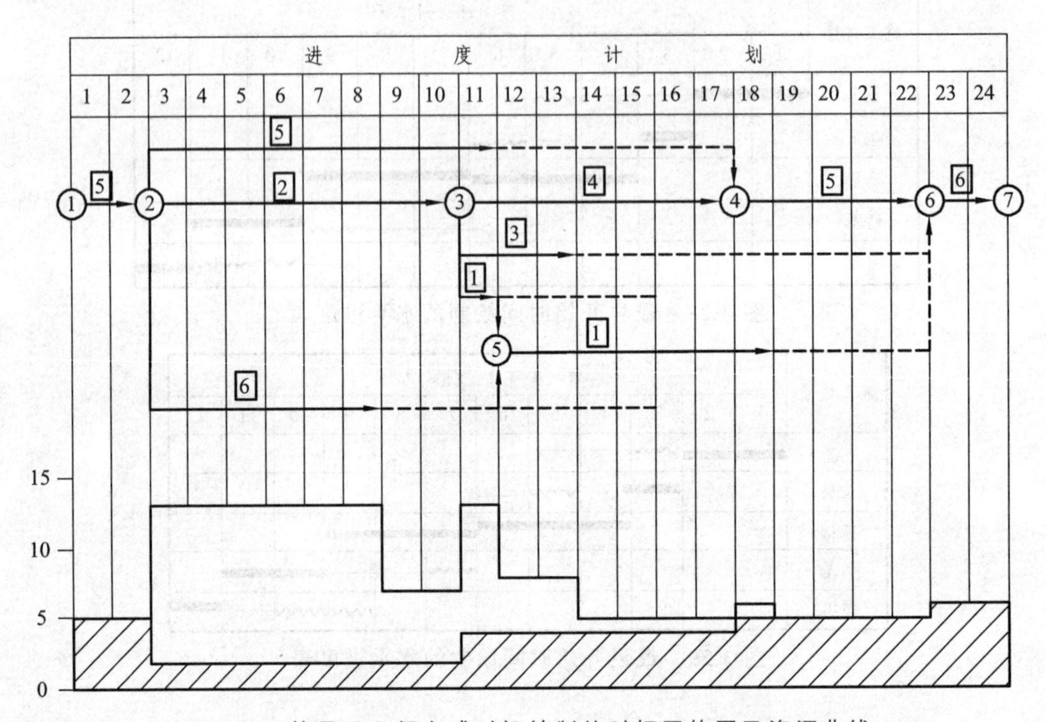

图 3.31　按最早必须完成时间绘制的时标网络图及资源曲线

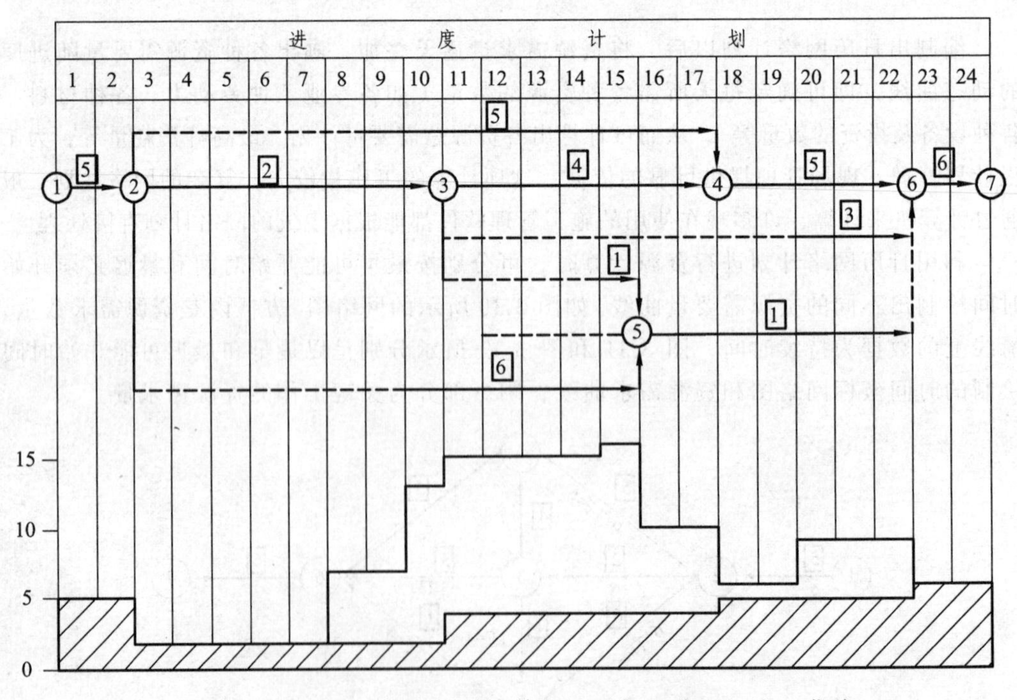

图 3.32　按最迟必须开始时间绘制的时标网络图及资源曲线

3.6　搭接网络计划

3.6.1　搭接网络的基本概念

随着工程施工的发展，受施工技术和施工管理要求的影响，需要表达工程对象中各种施工过程之间的更为复杂的关系。以上所述的网络计划（如 CPM 或 PERT），各活动之间的逻辑关系是前后衔接关系，这种单一的衔接关系已不能满足要求，需要将某些相邻的工作安排成搭接一段时间进行施工，这种关系称为搭接关系。这种搭接关系也有利于在编制计划中缩短工期。

一般的网络计划中要表示活动之间的搭接关系，必须将一个施工过程分解成若干个活动（或箭杆）来表达，这就增加了活动（或箭杆）数量和计算工作量，并且只是局限于表示相邻两个工作的紧前紧后搭接关系。同时，在工艺复杂的工程当中，编制网络计划之前难以确定工作之间的紧前紧后关系，而对两项工作的开始、结束时间关系却比较明确（或者是有特别的要求），如果能直接利用这些时间约束关系编制网络计划，能使编制工作简单准确，不易出错。比如，要求一个工作开始（或结束）后一段时间后另一工作开始（或结束），这种情况用单一的搭接关系是不能表达的。在欧洲使用较多的是梅特拉位势法（Metra Potential Method，MPM）和组合网络计划（Baukasten Netplan，BKN），其基本原理是相似的，搭接网络计划一般用单代号网络表示，因此又称为单代号搭接网络计划。

搭接网络计划的优点是能表示一般网络中所不能表达的多种搭接关系；缺点是计算过程比较复杂，但可借助于电子计算机计算。以下介绍在一般工程上常用的比较直观、简单并易于掌握的图上计算法。

3.6.2　相邻活动的各种连接关系

在一般网络计划中，相邻两个活动的关系均是衔接关系。而搭接网络中的相邻活动有多种连接关系，图 3.33 所示是相邻两个活动 i 和 j 的时间搭接关系。设图中前后两个方框表示相邻两个活动，方框中的前后两个圆圈表示该活动的开始时间（S）和结束时间（F），该相邻两个活动的连接关系有以下 5 种基本形式：

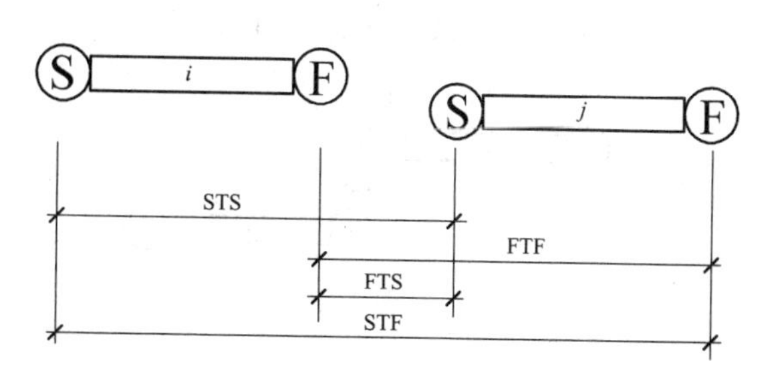

图 3.33　搭接网络计划中相邻工作的连接关系

1. 开始到开始的连接关系

用紧前活动的开始时间（S）到紧后活动的开始时间（S）的时距来表达，图中用 STS（即 Start to Start）的关系连接线来表示。

2. 开始到结束的连接关系

用紧前活动的开始时间（S）到紧后活动的结束时间（F）的时距来表达，用 STF（即 Start to Finish）来表示。

3. 结束到开始的连接关系

用紧前活动的结束时间（F）到紧后活动的开始时间（S）的时距来表达，用 FTS（即 Finish to Start）来表示。

4. 结束到结束的连接关系

用紧前活动的结束时间（F）到紧后活动的结束时间（F）的时距来表达，用 FTF（即 Finish to Finish）来表示。

5. 混合连接关系

即相邻两个活动既有 STS，又有 FTF 的限制关系；或者既有 STF，又有 FTS 的限制关系等。

搭接网络计划中，相邻活动之间的逻辑关系可以通过以上 4 种时距表达方式来表达，这满足了网络计划的各种复杂的逻辑关系要求，是其他网络计划所不及的，这是搭接网络计划的主要特点所在。要注意的是，这些连接关系均是连接的最小时间限值，由于工作之间错综复杂的约束关系，计算完成后的网络计划的时间参数与连接关系相应的时间有可能大于原有的限值。

3.6.3 搭接网络计划时间分析

搭接网络计划中的时间参数计算要根据不同的连接关系确定：

1. 开始到开始的时距计算（STS）

如图 3.34 所示，根据时距为紧前活动的开始到紧后活动的结束，时间参数用开始时间计算，见式（3.13）和式（3.14）。

$$ES_j = ES_i + STS_{ij} \tag{3.13}$$

$$LS_i = LS_j - STS_{ij} \tag{3.14}$$

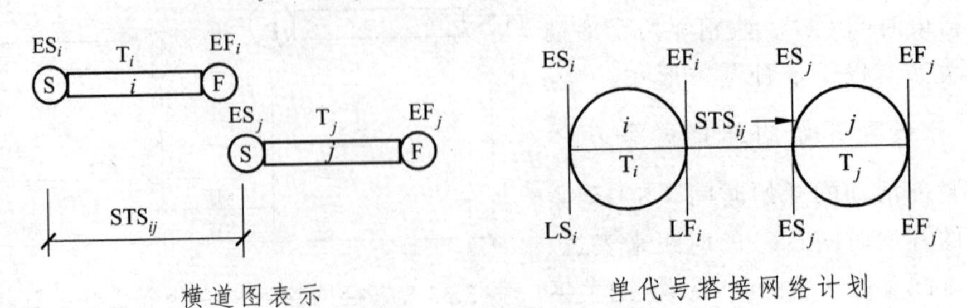

图 3.34 STS 的时距表示方法

2. 开始到结束的时距计算（STF）

如图 3.35 所示，根据时距为紧前活动的开始到紧后活动的结束，时间参数用紧前活动的开始时间和紧后活动的结束时间计算，见式（3.15）和式（3.16）。

$$EF_j = ES_i + STF_{ij} \tag{3.15}$$

$$LS_i = LF_j - STF_{ij} \tag{3.16}$$

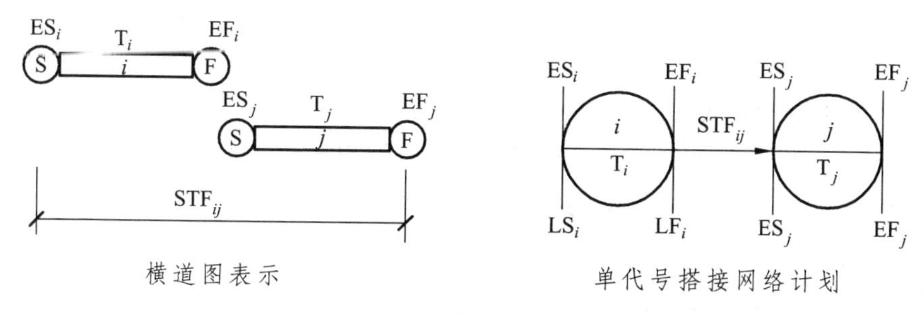

图 3.35　STF 的时距表示方法

3. 结束到开始的时距计算（FTS）

如图 3.36 所示，根据时距为紧前活动的开始到紧后活动的结束，时间参数用紧前活动的结束时间和紧后活动的开始时间计算，见式（3.17）和式（3.18）。

$$ES_j = EF_i + FTS_{ij} \tag{3.17}$$

$$LF_i = LS_j - FTS_{ij} \tag{3.18}$$

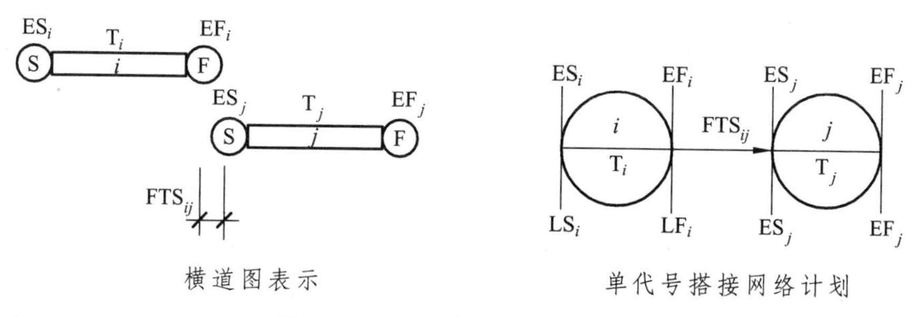

图 3.36　FTS 的时距表示方法

4. 结束到结束的时距计算（FTF）

如图 3.37 所示，根据时距为紧前活动的开始到紧后活动的结束，时间参数用结束时间计算，见式（3.19）和式（3.20）。

$$EF_j = EF_i + FTF_{ij} \tag{3.19}$$

$$LF_i = LF_j - FTF_{ij} \tag{3.20}$$

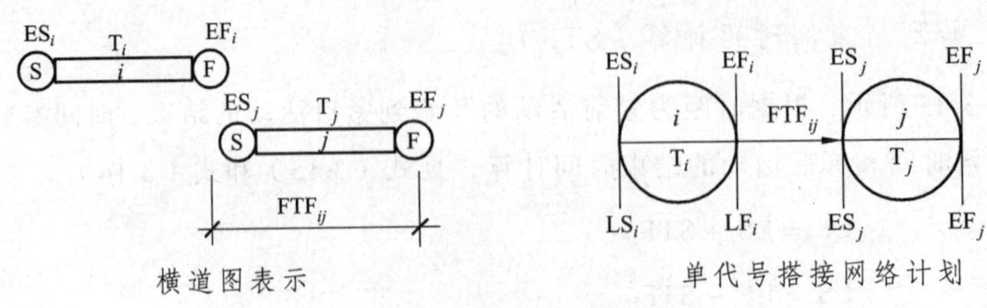

图 3.37　FTF 的时距表示方法

5. 混合连接时距

这是在搭接网络计划中除上述 4 种基本连接关系以外的另一种特殊连接关系，即同时由以上 4 种基本连接关系中的两种连接来限制相邻间的逻辑关系。

1）既有开始到开始（STS）又有结束到结束（FTF）的限制

即相邻两个活动具有 STS 和 FTF 连接关系同时控制，如图 3.38 所示。其时间参数要同时满足时间连接限制：

$$ES_j = \max\{ES_i + STS_{ij},\ EF_i + FTF_{ij} - T_j\} \tag{3.21}$$

$$LF_i = \min\{LF_j - FTF_{ij},\ LS_j - STS_{ij} + T_i\} \tag{3.22}$$

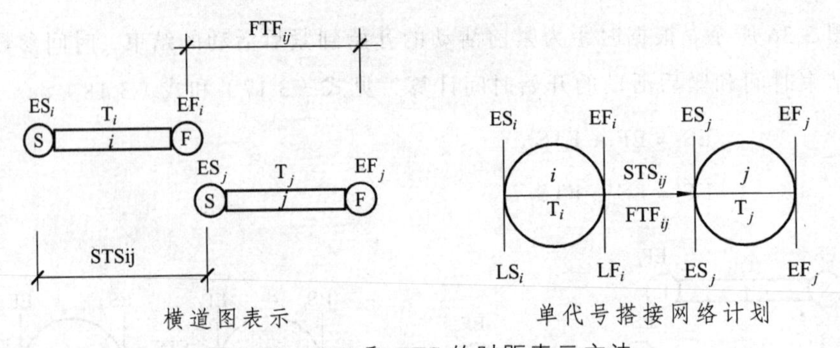

图 3.38　STS 和 FTS 的时距表示方法

2）既有开始到结束（STF）又有结束到开始（FTS）的限制

即相邻两个活动具有 STF 和 FTS 连接关系同时控制，如图 3.39 所示。其时间参数要同时满足时间连接限制：

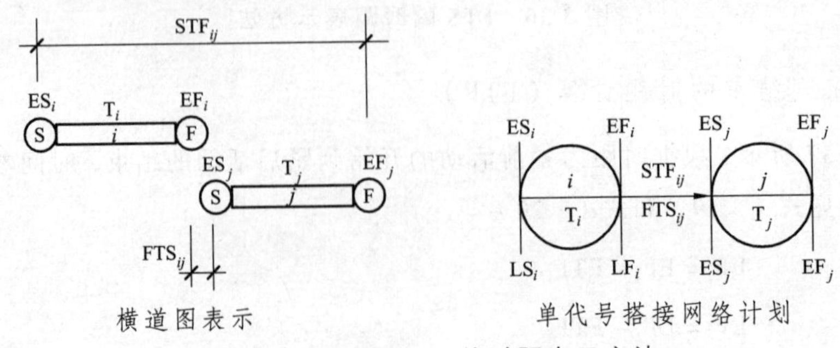

图 3.39　STF 和 FTS 的时距表示方法

$$ES_j = \max\{EF_i + FTS_{ij},\ ES_i + STF_{ij} - T_j\} \tag{3.23}$$

$$LF_i = \min\{LS_j - FTS_{ij},\ LF_j - STF_{ij} + T_i\} \tag{3.24}$$

3.6.4　搭接网络计划的时间间隔及时差计算

1. 时间间隔的计算

在活动的连接关系中，已经说明计算完成后的网络计划的时间参数与连接关系相应的时间有可能大丁原有的限值。这是因为各种连接时距决定了相邻两个活动的逻辑关系，但是相邻两活动在满足时距限制以外，由于各工作相互间的联系影响使其满足它们之间的连接关系后还有一段多余的空闲时间，称之为“时间间隔”(Lag)。根据相邻活动不同的连接关系计算“时间间隔”的方法如下：

（1）当相邻两活动的连接关系为从开始到开始（STS）时，如图 3.40 所示。

根据公式（3.13）：

$$ES_j = ES_i + STS_{ij}$$

由图可知，当 $ES_j > ES_i + STS_{ij}$ 时，Lag_{ij} 出现：

$$Lag_{ij} = ES_j - ES_i - STS_{ij} \tag{3.25}$$

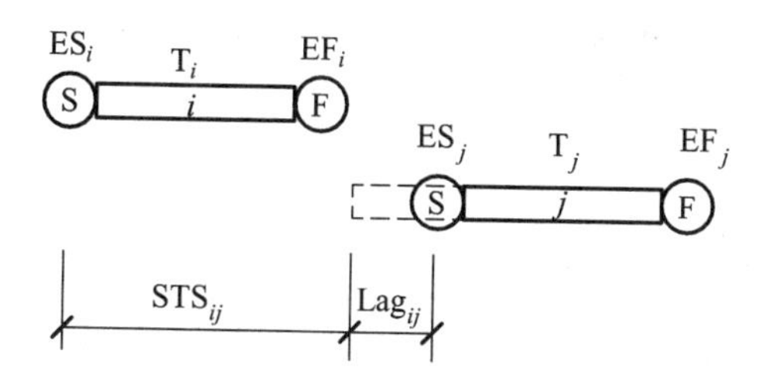

图 3.40　STS 时计算 Lag 的横道图

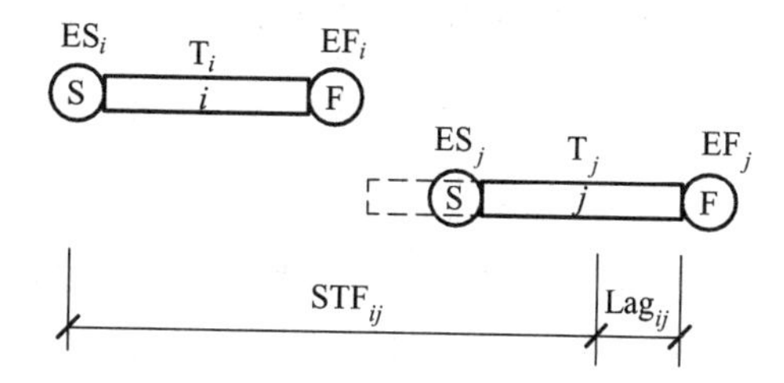

图 3.41　STF 时计算 Lag 的横道图

（2）当相邻两活动的连接关系为从开始到结束（STF）时，如图 3.41 所示。

根据公式（3.15）：

$$EF_j = ES_i + STF_{ij}$$

由图可知，当 $EF_j > ES_i + STF_{ij}$ 时，Lag_{ij} 出现：

$$Lag_{ij} = EF_j - ES_i - STF_{ij} \tag{3.26}$$

（3）当相邻两活动的连接关系为从结束到开始（FTS）时，如图 3.42 所示。

根据公式（3.17）：

$$ES_j = EF_i + FTS_{ij}$$

由图可知，当 $ES_j > EF_i + FTS_{ij}$ 时，Lag_{ij} 出现：

$$Lag_{ij} = ES_j - EF_i - FTS_{ij} \tag{3.27}$$

（4）当相邻两活动的连接关系为从结束到结束（FTF）时，如图 3.43 所示。

根据公式（3.19）：

$$EF_j = EF_i + FTF_{ij}$$

由图可知，当 $EF_j > EF_i + FTF_{ij}$ 时，Lag_{ij} 出现：

$$Lag_{ij} = EF_j - EF_i - FTS_{ij} \tag{3.28}$$

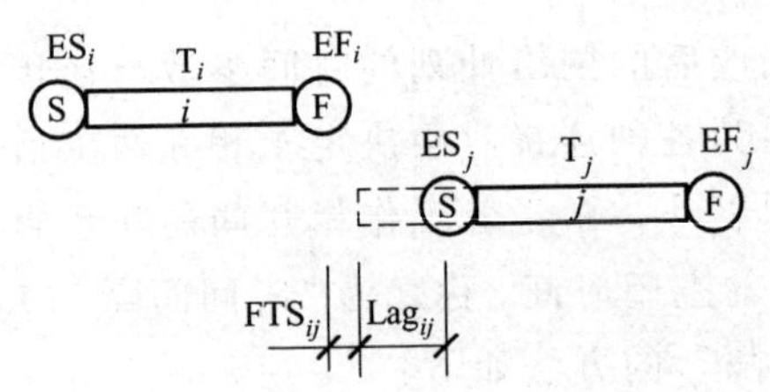

图 3.42　FTS 时计算 Lag 的横道图

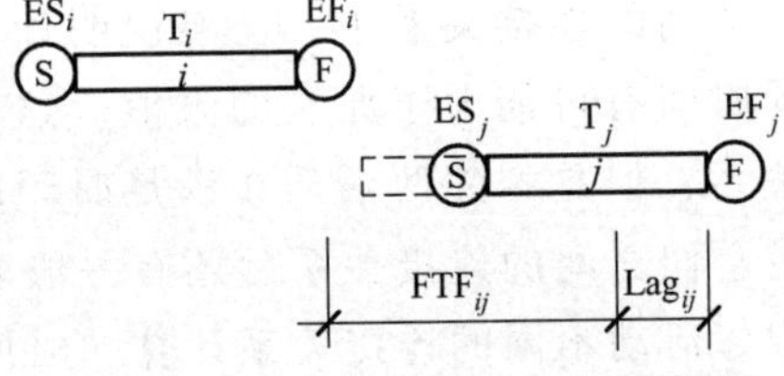

图 3.43　FTF 时计算 Lag 的横道图

（5）当相邻而活动为混合连接时。当相邻两个活动之间是由上述 4 种时距中的任意两种组合时，计算 Lag 应分别按各个时距，用上述方法计算出相应的 Lag，然后选取其最小值。

2. 总时差的计算

搭接网络计划中活动总时差（TF_{ij}）的计算公式与一般单代号网络计划的相同，即

$$TF_i = LS_i - ES_i = LF_i - EF_i \tag{3.29}$$

3. 自由时差的计算

自由时差（FF_i）是在不影响所有紧后活动最早可能开始时间的条件下，该活动可能机动利用的最大时间间隔。在搭接网络计划中，活动的自由时差根据不同连接关系的时距进行计算，其有以下两种情况：

（1）活动 i 只有一个紧后活动 j 时。在只有一个紧后活动 j 时，自由时差就等于时间间隔 Lag_{ij}，其可按 Lag 的计算方法计算，即

$$FF_{ij} = Lag_{ij} \tag{3.30}$$

（2）活动 i 有两个以上的紧后活动 $j1$、$j2$、$j3$、…、jn 时。

在有两个以上的紧后活动时，自由时差则取各 Lag_{jn} 中的最小值，即

$$FF_i = \min\{Lag_{ij1}, Lag_{ij2}, Lag_{ij3}, \cdots, Lag_{ijn}\} \tag{3.31}$$

3.6.5　搭接网络计划计算示例

搭接网络计划的时间参数包括 ES、EF、LS、LF、TF、FF 等。其计算方法取决于相邻活动的连接关系，可根据不同的时距按前述有关公式进行计算。但是搭接网络计划有不同于一般单代号网络计划之处，需在计算过程中加以调整。

一般网络计划相邻活动之间是紧前紧后的关系，紧前活动结束以后紧后活动才能开始，因此，紧后活动必定在紧前活动之后开始（或结束）；同样，紧前活动必定在紧后活动之前开始（或结束）。搭接网络计划由于有 4 种基本的连接关系，约束的时间有开始和结束两种，不能根据网络图节点的先后来直接判定活动之间的先后关系。

（1）当前后节点之间连接关系为 STF 或 FTF 时，即：前节点与后节点的结束时间连接，只能说明后节点在前节点之后结束，但不能说明在前节点之后开始，见图 3.44。如果 $T_j > STF_{ij}$ 或 $T_j > T_i + FTF_{ij}$，则 $ES_j > ES_i$，j 活动在 i 活动之前开始；当 i 为开始节点时，ES_j 为负值，说明该活动在工程开工前已开始工作，应将该活动与开始节点用虚箭杆相连，这时，该活动的最早可能开始时间应为 0（$ES_j = 0$），最早可能结束时间（EF_j）应为

$$EF_j = ES_j + T_j = = 0 + T_j$$

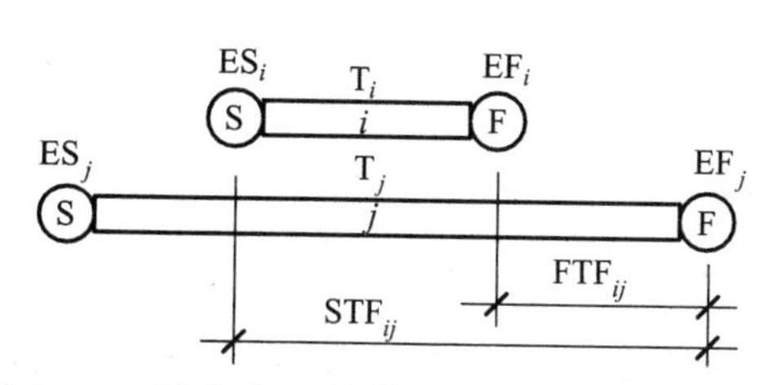

图 3.44　后节点在前节点之前开始的横道图

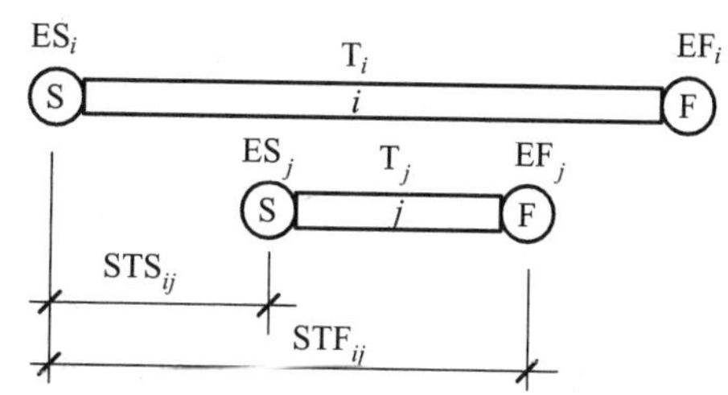

图 3.45　前节点在后节点之后结束的横道图

（2）当前后节点之间的联系为 STS 或 STF 时，即：后节点与前节点的开始时间连接，只能说明前节点在后节点之前开始，但不能说明在后节点之前结束，见图 3.45。如果 $T_i > STF_{ij}$ 或 $T_i > T_j + STS_{ij}$，则 $EF_i > EF_j$，i 活动在 j 活动之后结束；当 j 为结束节点时，EF_i 大于结束节点时间，说明该活动在终节点完成之后尚未完成，工期（T）由该活动控制，应将该活动与结束节点用虚箭杆相连，其最迟必须开始时间（LS_i）应为

$$LS_i = LF_{il} - T_i = T - T_i$$

【例 3.3】　计算图 3.46 中工程项目的单代号搭接网络图的各时间参数，并确定其关键线路。各活动的名称为 A、B、C…，其持续时间为 T_i。

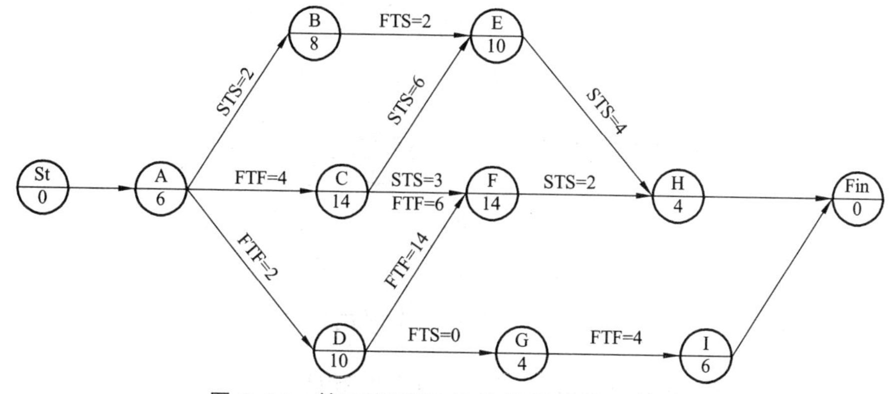

图 3.46　某工程项目的单代号搭接网络图

【解】 1. 计算搭接网络计划中各活动的最早时间（ES_i，EF_i）。

计算最早时间应从搭接网络图的开始节点算起，沿箭头方向按顺序直算至结束节点。开始节点因是虚设的，故其工作时间是 0。

（1）凡是与起点节点相连的工作最早开始时间为零，即

$$ES_A = 0$$

$$EF_A = ESA + T_A = 0 + 6 = 6$$

（2）工作 B 的最早时间：

$$ES_B = ES_A + STS_{AB} = 0 + 2 = 2$$

$$EF_B = ES_B + T_B = 2 + 8 = 10$$

（3）工作 C 的最早时间：

$$EF_C = EF_A + FTF_{AC} = 6 + 4 = 10$$

$$ES_C = EF_C - T_C = 10 - 14 = -4$$

由于 ES_C 为负值，用虚箭线将 C 节点与开始节点相连（图 3.47），最早开始时间由开始节点确定，最早时间重新计算：

$$ES_C = 0$$

$$EF_C = ESA + T_C = 0 + 14 = 14$$

（4）工作 D 的最早时间：

$$EF_D = EF_A + FTF_{AD} = 6 + 2 = 8$$

$$ES_D = EF_D - T_D = 8 - 10 = -2$$

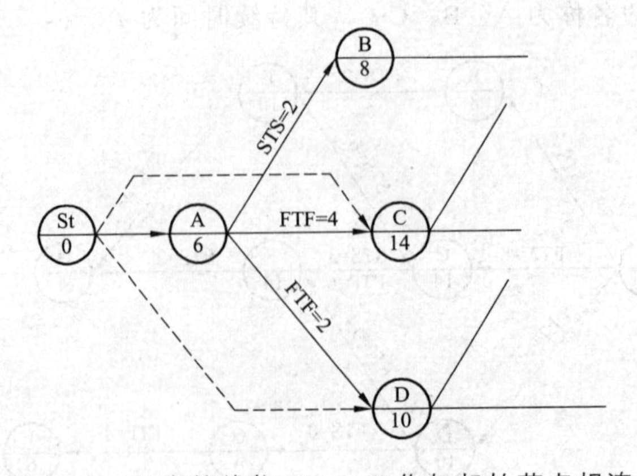

图 3.47 用虚箭线将 C、D 工作与起始节点相连

ES_D 为负值，用虚箭线将 D 节点与开始节点相连（图 3.47），最早开始时间由开始节点确定，最早时间重新计算：

$$ES_D = 0$$

$$EF_D = ES_D + T_D = 0 + 10 = 10$$

（5）工作 E 的最早时间：

工作 E 有两个紧前工作，其最早时间应按两个搭接关系分别计算，取其较大值：

$$FTS_{BE} = 2，ES_E = EF_B + FTS_{BE} = 10 + 2 = 12$$

$$STS_{CE} = 6，ES_E = ES_C + STS_{CE} = 0 + 6 = 6$$

取较大值，$ES_E = 12$。

$$EF_E = ES_E + T_E = 12 + 10 = 22$$

（6）工作 F 的最早时间：

工作 F 有两个紧前工作，三个搭接关系，取其较大值：

$$STS_{CF} = 6，ES_F = ES_C + STS_{CF} = 0 + 3 = 3$$

$$FTF_{CF} = 2，EF_E = EF_C + FTF_{CF} = 14 + 6 = 20$$

$$ES_F = EFF - T_F = 20 - 14 = 6$$

$$FTF_{DF} = 14，EF_F = EF_D + FTF_{DF} = 10 + 14 = 24$$

$$ES_F = EF_F - T_F = 24 - 14 = 10$$

取较大值，ESF = 10。

$$EF_F = ES_F + T_F = 10 + 14 = 24$$

（7）同理，可以计算工作 G、H、I 的最早时间：

$$ES_G = 10，EF_G = 14$$

$$ES_H = 16，EF_H = 20$$

$$ES_I = 12，EF_I = 18$$

（8）终节点的时间应取其所有紧前工作最早完成时间的最大值：

$$ES_{Fin} = \max\{EF_H，EF_I\} = \max\{20，18\} = 20$$

单代号网络计划一般以所有与终节点相连的工作的最早完成时间的最大值作为工程的总工期，但是由于约束关系，最早完成时间的最大值有可能是中间节点的工作，应将所有工作的最早完成时间进行比较，本例中是由 $EF_F = 24$ 最大，F 节点控制总工期。在 F 节点与结束节点之间用虚箭线连接（图 3.48）：

$$T = ES_{Fin} = 24$$

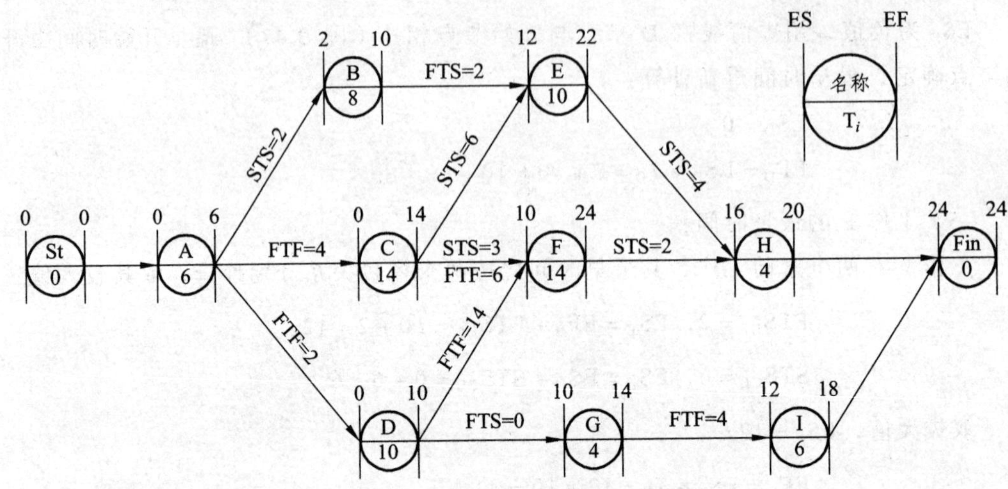

图 3.48　搭接网络的最早时间计算结果

2. 计算搭接网络计划中各活动的最迟时间（LS_i，LF_i）。

最迟时间的计算必须从结束节点开始，逆箭杆方向依次计算至开始节点。以网络计划的总工期，即结束节点的最迟必须完成时间作为时间计算的基础。

（1）与终节点相连的工作，其最迟必须完成时间为结束节点的完成时间：

$$LF_F = LF_H = LF_I = LF_{Fin} = 24$$

$$LS_H = LF_H - T_H = 24 - 4 = 20$$

$$LS_I = LF_I - T_I = 24 - 6 = 18$$

（2）工作 E 的最迟时间：

$$LS_E = LS_H - STS_{EH} = 20 - 4 = 16$$

$$LF_E = LS_E + T_E = 16 + 10 = 26$$

计算工作最迟时间时，如果出现某工作的最迟完成时间大于总工期时，应将该工作与结束节点用虚箭线相连（图 3.49），其最迟时间参数为

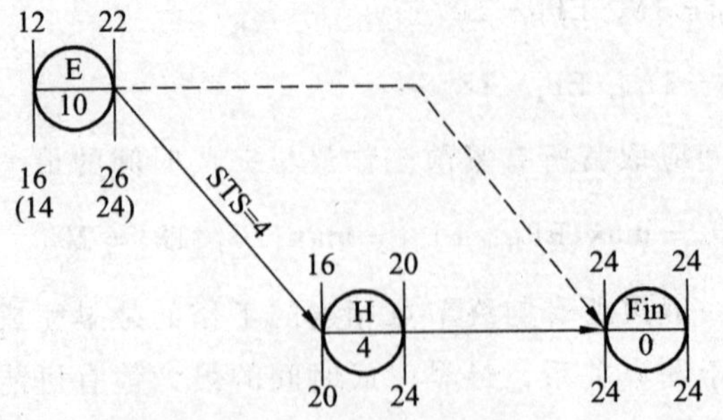

图 3.49　最迟完成时间大于总工期时的处理

$$LF_E = 24$$

$$LS_E = 24 - 10 = 14$$

（3）工作 G 的最迟时间：

$$LF_G = LF_I - FTF_{GI} = 24 - 4 = 20$$

$$LS_G = LF_G - T_G = 20 - 4 = 16$$

（4）工作 F 的最迟时间：

$$LS_F = LS_H - STS_{FH} = 20 - 2 = 18$$

$$LF_F = 18 + 14 = 32$$

由于工作 F 有两种连接关系，即与终节点和工作 H 的联系，应从中取最小值，即

$$LF_F = 24$$

$$LS_F = LF_F - T_F = 24 - 14 = 10$$

同理，与紧后节点有多个连接关系时，应分别计算，取其最小值为最迟时间。其余工作的最迟时间见图 3.50。

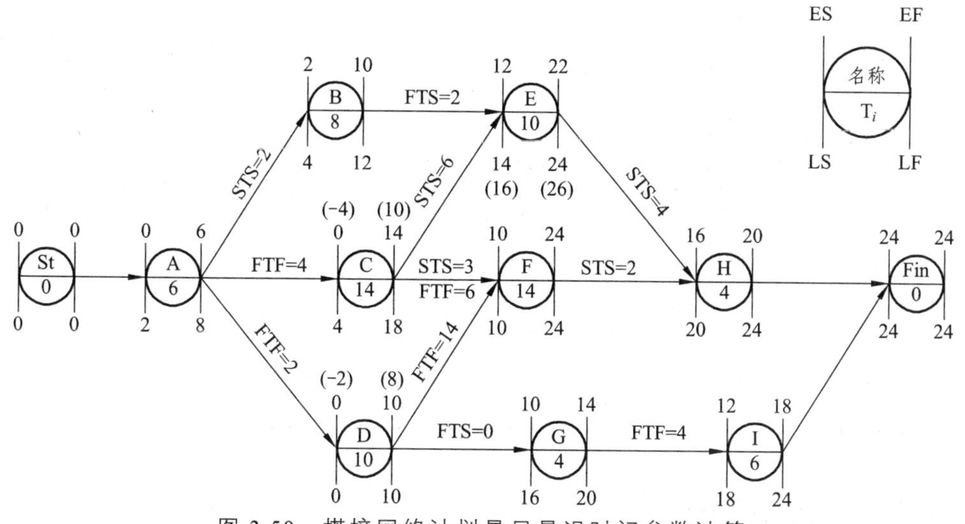

图 3.50　搭接网络计划最早最迟时间参数计算

3. 搭接网络计划的时差计算及关键线路的确定。

（1）搭接网络计划线路长度与线路时差的计算。搭接网络计划由若干条线路所构成，线路延续的总时间称为线路长度。在搭接网络计划中必然且至少有一条最长的线路，它决定着总工期，这就是关键线路，其余的即属非关键线路。非关键线路长度与关键线路长度之差称为线路时差，它就是非关键线路上所存在着的机动时间。

在搭接网络计划中，各相邻活动之间并非衔接关系，而是以各种时距表达的连接关系。所以它与一般网络计划不同，各条线路的线路长度并非等于在该线路上各活动的持续时间的总和，而是分别由其连接时距来决定的。

本例搭接网络计划，从开始节点到结束节点共 13 条线路，各条线路的线路长度和线路时差见表 3.7。

（2）搭接网络计划各活动的总时差与自由时差的计算。活动的总时差就是在总工期范围内该活动可能利用的机动时间，可按公式（3.29）计算。本例各活动总时差的计算结果见图3.50。活动的自由时差根据该活动与紧后活动的连接状况按公式（3.30）或（3-31）计算。本例各活动自由时差与时间间隔的计算结果见图3.50。

（3）关键线路的确定。搭接网络计划中由总时差TF = 0的活动所连接的线路即为关键线路。本例如图3.50所示，St—D—F—Fin线路为关键线路。

表3.7　线路长度及时差

序　号	线路通过的工作	线路长度	线路时差
1	St—C—E—H—Fin	16	24 - 16 = 8
2	St—C—F—Fin	20	24 - 20 = 4
3	St—C—F—H—Fin	20	24 - 20 = 4
4	St—A—B—E—H—Fin	22	24 - 22 = 2
5	St—A—C—E—H—Fin	16	24 - 16 = 8
6	St—A—C—F—Fin	20	24 - 20 = 4
7	St—A—C—F—H—Fin	20	24 - 20 = 4
8	St—A—D—F—Fin	24	24 - 24 = 0
9	St—A—D—F—H—Fin	24	24 - 24 = 0
10	St—A—D—G—I—Fin	18	24 - 18 = 6
11	St—D—F—Fin	24	24 - 24 = 0
12	St—D—F—H—Fin	24	24 - 24 = 0
13	St—D—G—I—Fin	18	24 - 18 = 6

3.7　流水网络计划

流水网络计划是流水作业原理与网络技术相结合的网络计划方法。其目的是在组织流水施工时正确使用网络图。流水网络计划是运用建筑流水理论中计算“流水步距”的原理，把流水步距作为网络计划中的一种组织约束，使它成为网络计算中的重要参数，使网络图能够正确表达建筑工程流水作业。第3.6节中的搭接网络计划是表达流水作业计划的一种方法，此外有单代号流水网络计划和双代号流水网络计划两种形式。

在前面对同样的流水施工对象作横道图和网络图时，已经注意到二者的总工期有可能不相等。这是因为网络图按最早时间计算工期，没有确切地表达流水作业对各施工过程连续性施工的要求，将各个施工过程分解到各施工段以后，后续施工过程的流水速度快（流水节拍小）时，对整个施工过程来看就间断了。这种不考虑流水施工的特点，单纯地用断路法设计计算分段流水施工网络图的方式，不一定能满足所有流水施工计划的要求。而且在双代号网络图中，用增加节点和零箭杆的办法来表示流水作业中各活动的严密逻辑关系，将使网络图的绘制和计算工作量大增，流水网络计划就是为解决这些问题所提出来的一种计划方法。

3.7.1　双代号流水网络计划

1. 双代号流水网络的形式

如图 3.51 所示是双代号流水网络的基本形式。

（1）将双代号网络图中同一活动的若干个连续作业箭杆合并，在其开始节点和结束节点之间用一粗横向分段线条连接，其中每一小段对应于双代号网络图中的一个箭杆。合并后两节点之间总的持续时间为原来各箭杆持续时间的总和，可以标为：3 + 2 + 2 + 3、4 × 2 等。

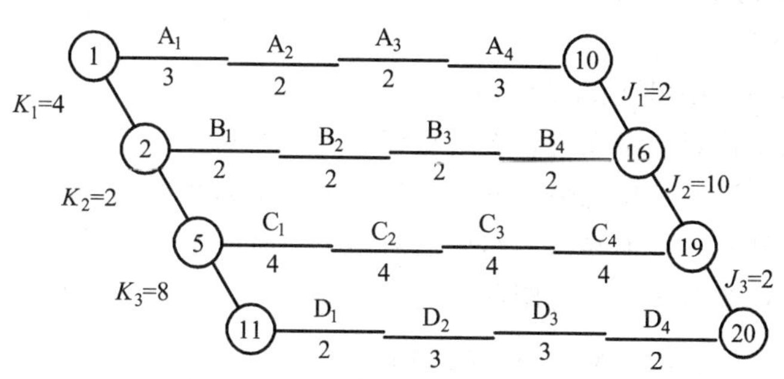

图 3.51　双代号流水网络计划

（2）在两相邻活动的开始节点与结束节点之间分别用细斜线相连接，称为时距斜线，其时间间隔称为开始时距（K）和结束时距（J）:

开始时距即为流水施工中的流水步距，相当于搭接网络中的 STS；结束时距是相邻两个施工过程完成最后一个施工段的时间间隔，相当于搭接网络计划中的 FTF，见图 3.52。

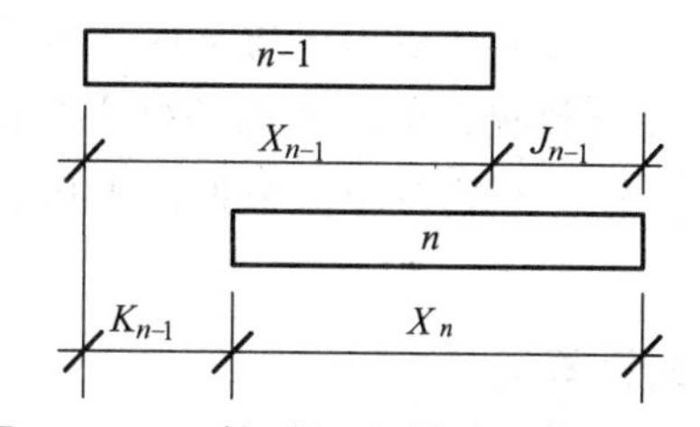

图 3.52　开始时距和结束时距的关系

$$K_{n-1} = T_{n-1} + \delta_n \qquad (3.32)$$

$$J_{n-1} = K_{n-1} + T_n - T_{n-1} \qquad (3.33)$$

（3）双代号流水施工网络中专业施工活动箭流方向与横道图的进度线相似。

① 活动自左至右用水平线表示；

② 开始时距线是自左至右的斜线；

③ 所有流水分网络形成的圈总是呈平行四边形或梯形；

④ 流水网络的几何图形倾斜趋势与人们习惯自左至右表示时间流的方式具有一致性，所以箭头一律被省略，也不致被误解为无向的工作流。

2. 流水网络计划中时距的计算

1）流水网络的时距方程

流水网络要求相邻两个专业施工队相互之间的开始时距和结束时距之间的关系应符合下列时距方程（图 3.52）：

$$K_{n-1}+T_n=J_{n-1}+T_{n-1} \tag{3.34}$$

式中 K——开始时距（$K_n>0$）；

J——结束时距（$J>0$）；

T——活动的持续时间（$T>0$）。

任何流水网络计划都必须符合上述时距方程，否则就不算作流水关系。

根据时距方程可以粗略地估定开始时距。由于相邻两项活动间后续活动必须在前导活动开始之后开始和在前导活动结束之后结束。所以开始和结束时距均应大于零，于是时距方程可以改写成开始时距的判定式，即

$$K_{n-1}>\max\{T_{n-1}-T_n,\ 0\} \tag{3.35}$$

在计划设计的资料及数据不很详尽时，编制控制性计划，施工活动作较“粗”的分解，各项流水活动的综合性较强，对工程对象不可能也不必要具体划分施工段。此时，开始时距判定式使用比较方便，符合式（3.35）的任意值都是可以的。当然，估定值太大会使搭接时间过短而工期太长，不合适；估定值太短会使专业施工队伍频繁调动，影响能力发挥。

估定值的确定一方面可以根据计划总工期的具体要求，另一方面还可以参考同类工程的经验数据。当编制的流水网络计划用作指导性计划或实施性计划时，计划线条要求较“细”，要求能符合设计资料提供的较明确的流水分段依据。此时用开始时距判定式估定开始时距则往往不可靠，开始时距应根据流水作业中流水步距的确定方法来计算确定。

2）流水网络开始时距的计算确定

（1）全等节拍流水网络开始时距 K_{n-1} 的确定：同流水步距的确定，$K_{n-1}=t_i$。

（2）成倍节拍流水网络开始时距 K_{n-1} 的确定。当相邻两项活动为成倍节拍流水关系时，需分别按下列两种情况确定开始时距 K_{n-1}：

当 $T_n>T_{n-1}$ 时（图 3.53（a）），

$$K_{n-1} \geqslant T_{n-1}/m \tag{3.36}$$

当 $T_n<T_{n-1}$ 时（图 3.53（b）），

$$K_{n-1} \geqslant T_{n-1}/m + T_{n-1} - T_n \tag{3.37}$$

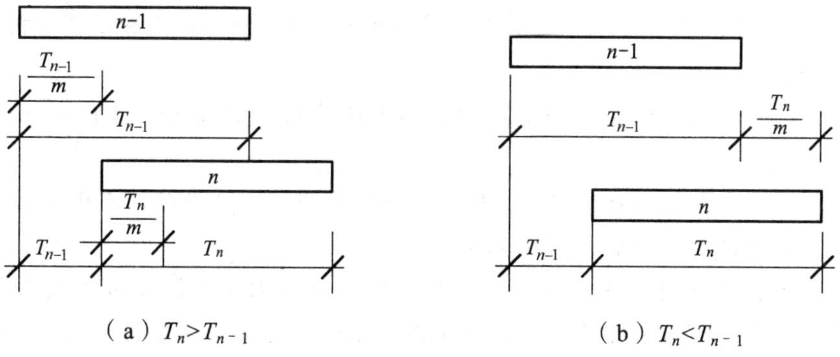

（a）$T_n>T_{n-1}$　　（b）$T_n<T_{n-1}$

图 3.53　成倍节拍流水的开始时距

（3）无固定节拍流水网络开始时距计算可用“各施工段累计持续时间错位相减后，取最大值”的方法（见第 2 章）。

3. 专业施工队施工合理中断的处理

在流水作业施工中，由于各个专业施工队加入流水所需总的持续时间可能比较悬殊，不可能或不必要调整到彼此的持续时间相近或相等。这样组织流水作业过分地强调所有的专业施工队都必须连续工作，往往带来其他方面的不良后果（在第 2 章中已经强调）。这类情况，在施工组织中经常遇到，这就允许施工时间短的专业施工队合理地中断。如图 3.54 中的工作 B，将施工和中断时间同时标注在箭线上，中断时间加上括号以示区别，需注意的是在计算中断工作与后续工作之间的时距时，每个施工段的持续时间应包含其合理中断时间在内计算，再扣除其中断时间。

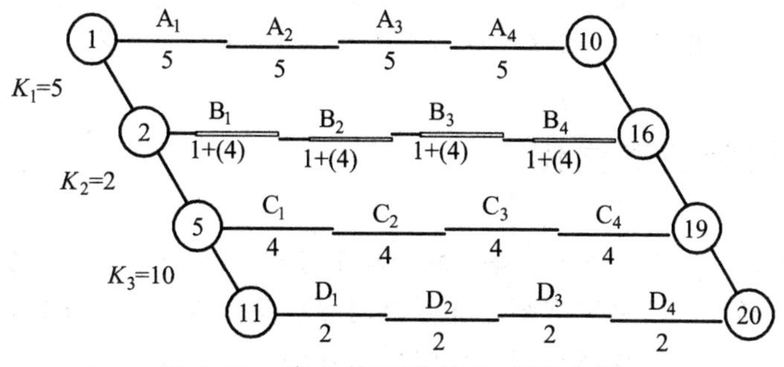

图 3.54　专业施工队施工合理中断

3.7.2　单代号流水网络计划

图 3.55 是单代号搭接网络计划表示的全等节拍流水施工，工作之间的时距用 STS

（即开始时距）和 FTF（结束时距）表示，可见搭接网络计划是流水网络的一种形式。但是一般工程往往是一部分或者几部分采用流水施工，其余的采用平行、交叉或衔接施工，而且在网络计划中反映流水作业时要说明分段施工的情况，因此采用流水网络更适用。

单代号流水网络计划的时距计算与双代号相同，绘制网络计划和计算时间参数时应遵循以下原则：

（1）没有组入流水施工的施工过程，其工作关系为衔接关系 FTS，按一般的单代号网络计划处理。

（2）组入流水施工的施工过程，其工作关系为搭接关系 STS，连接箭线用点画线表示，标注相应的流水步距 K（即 STS）。

（3）一个施工过程的流水节拍相等时，持续时间为施工段数乘以流水节拍（图 3.55），各施工段的流水节拍不同时，采用逐段相加来标注，没有划分施工段的标注总的持续时间，有中断时间时标注在括号内。

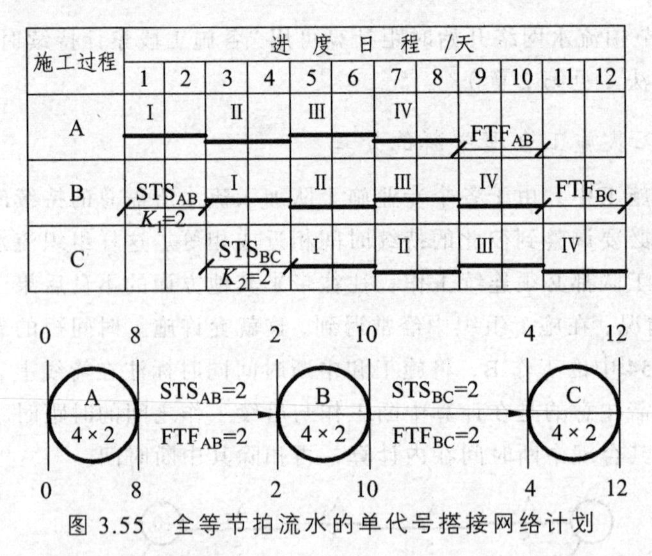

图 3.55 全等节拍流水的单代号搭接网络计划

3.8 网络计划的优化

在经过调查研究、确定施工方案、划分施工过程、分析施工过程之间的逻辑关系、编制施工过程一览表、绘制网络图、计算时间参数等步骤以后，便确定了网络计划的初始方案。但是要使工程网络计划顺利实施，获得工期短、质量优、资源消耗少、工程成本低的效果，还需要对网络计划进行优化。网络计划的优化，是指通过不断改善网络计划的初始方案，在满足既定的约束条件下，按某一指标（如工期、成本、资源等）来寻求一个最优计划方案的过程。网络计划的优化通常有工期优化、资源优化、费用优化等。

3.8.1　工期优化

网络计划编制以后，经常遇到的问题是计算工期超过规定工期，除了改变施工方案和组织方案以外，就是增加劳动力和机械设备，缩短工期的持续时间，进行工期优化。工期优化是利用缩短关键线路的方法来达到缩短工期的目的。在缩短关键线路时，会使一些时差小的非关键线路上升为关键线路，于是又进一步缩短新的关键线路，逐渐逼近，直至达到规定的目标为止。工期由关键线路的累计时间确定，那么缩短工期时组成关键线路的所有工作都是考虑的对象。确定需要压缩持续时间的工作，有“顺序法”“加权平均法”“选择法”等。“顺序法”是按关键工作的开工时间来确定，开工早的先压缩。“加权平均法”是按关键工作持续时间长度的百分比压缩。这两种没有考虑到各关键工作资源的影响作用。“选择法”更接近于实际需要，故介绍选择法。

1. 工期优化的步骤

（1）计算网络计划的时间参数，确定工期、关键线路和关键工作。

（2）按工期要求计算应缩短的时间。

（3）确定各关键工作能够缩短的持续时间。

（4）按下列因素来选择关键工作，缩短其持续时间：

① 缩短时间对质量和安全影响不大的工作；

② 有充足备用的资源；

③ 缩短时间所增加的费用最少。

（5）计算工期仍超过要求工期时，重复上述步骤，直至满足工期要求。

（6）当所有关键工作的持续时间均压缩到极限还不能满足要求时，对原施工方案、组织方案进行调整或对要求工期重新审定。

2. 工期优化的方法

工期优化要处理两个方面的问题：一是工期过长超过规定工期；二是工期远小于规定工期，资源需求强度过大，直接费用增加，提高成本。

根据每项工作的工程量、定额、合理的劳动组合，按公式（3.1）和式（3.2）计算出其正常的持续时间 T_i，通常还能确定持续时间的极大值 T_L、极小值 T_N，即

$$T_L \geqslant T_i \geqslant T_N$$

T_L、T_N 主要根据各个工作的最小工作面和最小劳动组合来确定，应力求合理，否则会造成工作面过小、劳动组合不够或者工作面班内闲置等现象，影响工作进展。

先以正常时间确定总工期 T，与要求工期 T_r 进行比较：

（1）当 $T > T_r$ 时，用 T_N 代替 T，按上述步骤缩短工期。

（2）当 $T<T_r$ 时，用 T_L 代替 T，如果所有工作代替完毕仍比要求工期少很多，则在非关键线路上用 T_L 代替 T，直到符合工期要求为止。非关键线路上的工作应符合以下

条件：$T_L - T > T_F$，这是可能转变为关键工作的必要条件。如果还不满足要求，则要重新对施工方案和组织方案做出调整。

3. 工期优化实例

【例 3.4】 当要求工期为 21 d、27 d 时，对图 3.56 所示的网络计划进行优化。

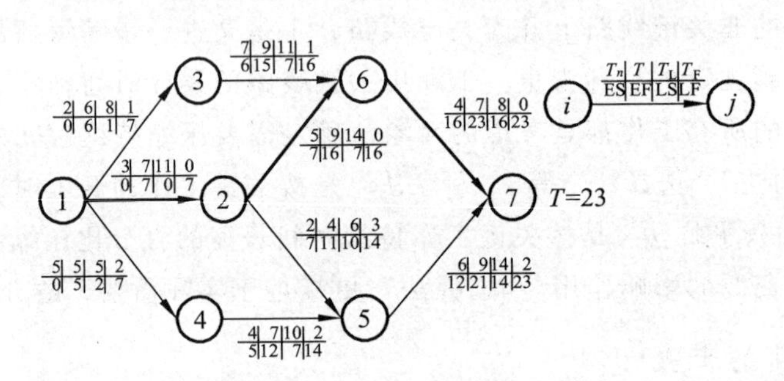

图 3.56 双代号网络计划

【解】（1）各工作时间参数计算结果如图 3.56 所示，工期为 23 天，关键线路为①—②—⑥—⑦。

（2）要求工期为 21 天时，需要压缩 2 天，压缩工作②—⑥两天，资源变化不大，易于实现。重新计算后，线路①—③—⑥—⑦由非关键线路变为关键线路，工期为 22 天，尚不满足要求；再压缩工作①—③一天时间，线路①—④—⑤—⑦成为关键线路，这样有 3 条线路为关键线路。最终结果如图 3.57 所示。

由此可以看出，当对关键工作进行压缩时，某些时差小的非关键工作会因为工期缩短而成为关键工作，因此，在进行压缩时应对总时差小于工期调整值的工作一并调整，便可以加速工期的调整过程，减少许多计算参数的工作量。

（3）当工期要求为 27 天时，需要延长 4 天，将工作①—②和②—⑥的持续时间各延长两天即能够满足要求。延长后结果如图 3.58 所示。

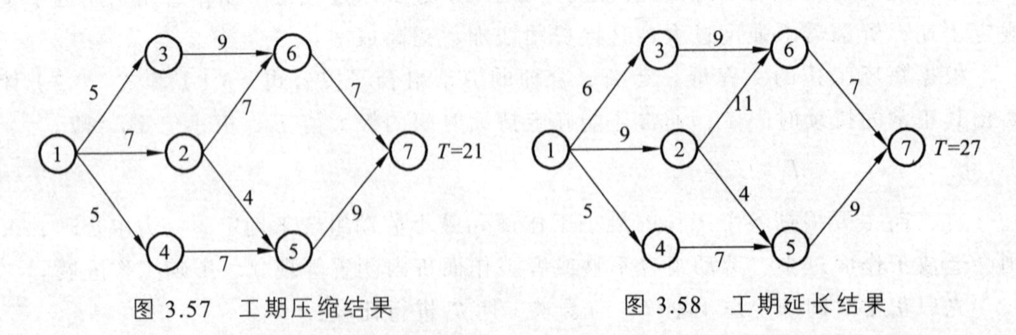

图 3.57 工期压缩结果

图 3.58 工期延长结果

以上仅介绍了工期优化的基本规律，但是工期优化并不如此简单，在优化过程中需要考虑的因素较多。如上例中，压缩持续时间时要考虑实现的可能性，即使同一关键线路上的前后工作都可以压缩，也要看压缩哪些工作不至于造成离极小值过近，以使劳动组合及工作面更合理，易于实现；在相等条件下应尽量选择合理持续时间长的工作，这样对资源供应强度影响会小一些。再如，在延长工期时，①—②、②—⑥、⑥—⑦三个工作均可以延长，但是⑥—⑦工作持续时间仅延长一天就等于极大值，实现可能性小，而①—②、②—⑥两工作的合理时间、调整范围均相当，因此各压缩 2 天。

需要强调的是，不管压缩还是延长，都只是对网络计划中部分工作的调整，作为一个网络系统，工作之间是相互影响、制约的，尤其是通过资源相互影响，不能因为调整使部分工作过于紧张或松懈，造成资源供应强度短期剧增或施工队伍在工作班内窝工。如上例，延长持续时间时，其余工作的时间未变，时差进一步增大，不利于均衡施工；缩短时间时，部分工作资源用量增加，资源需求曲线峰值加大。进行工期优化要同时考虑资源、劳动组合、工作面、实现概率及工作之间的影响，优化时应尽量对更多的工作一起做均衡协调的处理。

3.8.2　资源优化

建筑施工中的资源是指完成施工任务所需的劳动力、材料、机械、动力、燃料、资金等的统称。

资源优化分为以下两类：

1）资源有限、工期最短

资源有限、工期最短的优化又分为两类。

（1）资源强度（一项工作在单位时间内所需资源的数量）固定、工期最短。是指资源有限时，保持各个活动的每日资源需要量（即强度）不变，寻求工期最短的施工计划。根据优化的标准，分别有以资源和工期为主两种方法。

（2）资源强度可变、工期最短的优化。资源可变的工作，其持续时间也是一个变量，持续时间与资源用量成反比。整个网络计划的工期也是可变的。优化的目标是研究有限资源在各项工作之间的分配原则，寻求资源有限条件下工期最短的计划方案。

本书介绍常用的“资源有限、强度不变、工期最短”优化。

2）工期固定、资源均衡

该优化的前提是工期不变，使资源总量随时间变化最小，接近于资源用量的平均值，有利于施工组织管理，也可以取得较好的经济效益。

1. 以资源为标准的资源有限、工期最短优化

1）资源有限（强度不变）、工期最短优化的前提条件

（1）网络计划一经制订，在优化过程中各活动的持续时间即不予变更。

（2）各活动每天的资源需要量是均衡的、合理的，在优化过程中不予变更。

（3）各活动除规定可以中断的活动外，一般不允许中断，应保持活动的连续性。

（4）优化过程中不能改变网络计划的逻辑结构。

2）资源优化分配的原则

资源优化的过程是按照各活动在网络计划中的重要程度，把有限的资源进行科学分配的过程。因此，优化分配的原则是资源优化的关键。

资源分配的级次和顺序：

第一级，关键活动。按每日资源需要量大小，从大到小顺序供应资源。

第二级，非关键活动。按总时差大小，从小到大顺序供应资源。总时差相等时，按资源需求量从大到小，以叠加量不超过资源限额的活动优先供应资源。在优化过程中，已被供应资源而不允许中断的活动在本级优先供应。

第三级，优化过程中，已被供应资源，而总时差较大的、允许中断的活动。

3）资源优化的步骤

网络计划的每日资源需要量曲线是资源优化的初始状态。每日资源需要量曲线的每一变化都意味着有的活动在该时间点开始或结束，每日资源需要量不变而又连续的一段时间，称为时段。有限资源是分时段按分配原则逐个时段进行优化的。因此，资源优化的过程也是在资源限制条件下合理地调整各个活动的开始和结束时间的过程。其步骤如下：

（1）将网络计划画成带时间坐标的日历网络计划（或水平进度表），标明各个活动的每日资源需要量 R_k（k 为资源代号）和总时差 TF。

（2）计算和画出资源需要量曲线，标明每一时段每日资源需要量数值，用虚线标明资源供应量限额 r_k。

（3）在每日资源需要量曲线图中，从第 1 d 开始，找到首先出现超过资源供应限额的时段进行调整。其后的各时段因在优化过程中将发生变化，故在本时段优化时，对它们暂时不予理会。在本时段内，按资源优化分配原则，对各活动的分配顺序进行编号，从第 1 到 n 号。

（4）按照编号的顺序，依次将本时段内各活动的每日资源需要量 R_k 累加，并逐次与资源供应限额进行比较。当累加到第 x 号活动，累加值大于限量时，将第 x 至 n 号活动全部推移出本时段。

（5）画出活动推移后的时间坐标网络图（如有关键活动或剩余总时差为零的活动推移时，网络图仍需符合网络逻辑结构，必要时需作适当修正），进行每日资源需要量的重新叠加，从已优化的时段向后找到首先出现超过资源供应限额的时段进行优化。重复第（3）至第（5）步骤，直至所有的时段每日资源需要量都不再超过资源限额，资源优化即告完成。

2. 以工期为标准的资源有限、工期最短优化

1）优化的原则

同前者一样，对网络计划的资源需求曲线逐日检查，资源用量超过资源限量时进行调整。调整计划时，对资源有冲突的各个工作做新的排序安排，所不同的是，顺序

安排以工期为标准，即：在有资源冲突的工作中，如果某一工作移到另一工作之后进行，对工期的延长时间应最少。以单代号网络计划为例：

$$\Delta D_{m',\ i'} = \min\{\Delta D_{m,\ n}\} \tag{3.38}$$

$$\Delta D_{m,\ i} = \mathrm{EF}_m - \mathrm{LS}_i \tag{3.39}$$

式中　$\Delta D_{m',\ i'}$——在各顺序安排中，最佳顺序安排所对应的工期延长的最小值，要求将 LS 最大的工作 i 安排在 EF 最小的工作 m 后进行；

$\Delta D_{m,\ i}$——在资源冲突的各工作中，工作 i 安排在工作 m 之后进行时，工期所延长的时间。

2）优化的步骤

（1）计算网络计划时间参数，绘制日历网络计划（或水平进度表），统计每天的资源需求量。

（2）分析超过资源限量的时段，将各工作两两组合，依据公式（3.38）的计算结果，确定新的安排顺序。

（3）若 EF 最小值与 LS 同属一个工作，则应选 EF 次小和 LS 次大的工作组成两个顺序方案，从中选其小者进行调整，将排序在后的工作移出超资源限量的时段。

（4）绘制调整后的网络计划，重复上述第（1）到第（3）步骤，直到满足要求。

3. 资源有限、工期最短优化示例

如图 3.59 所示，方框内数据为资源用量，当资源限量为 11 时，用两种方法求工期最短的优化解。

1）第一种方法按资源为标准

（1）检查图 3.60 中的 3—8 时段，资源用量超过限量，结果如图 3.61 所示。

（2）检查图 3.61 中的 9—10 时段，资源用量超过限量，结果如图 3.62 所示。

（3）检查图 3.62 中的 11 天和 12—13 时段，资源用量超过限量，经过上面两次调整，我们能够很直观地发现将工作③—④、③—⑤移至 12 天，工作③—⑥移出该时段到 14 天，结果如图 3.62 所示，再往后检查，均符合资源限量要求。图 3.63 所示为最终结果，总工期延长 1 天。

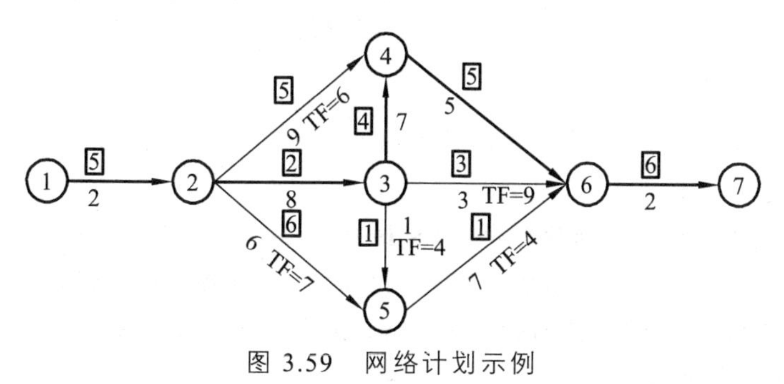

图 3.59　网络计划示例

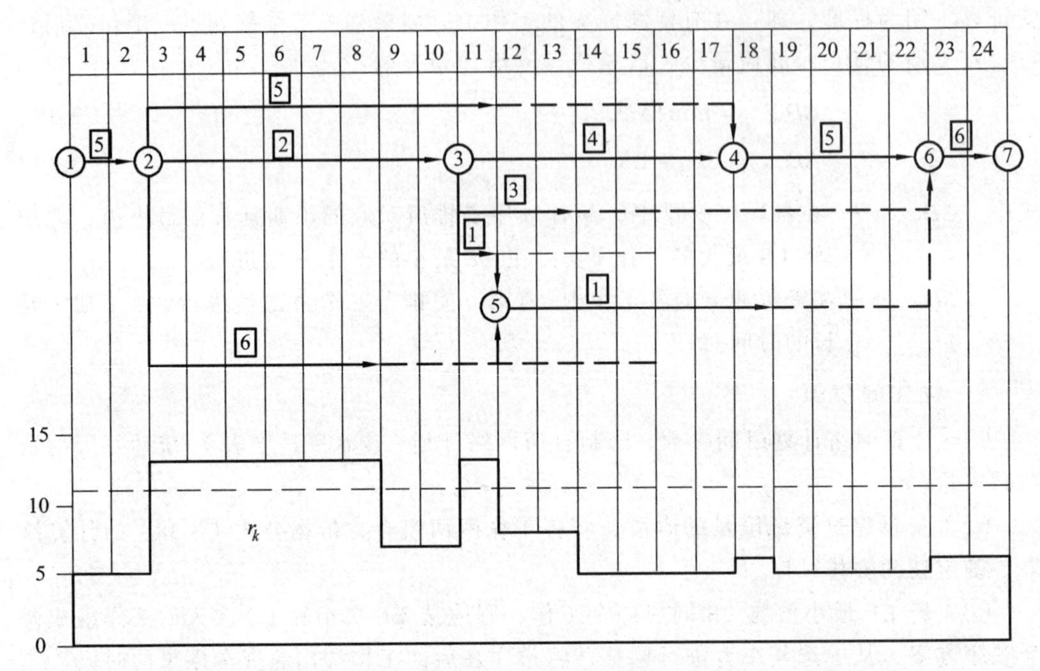

图 3.60　时标网络计划

时　段	3—8		
天　数	6		
活　动	2—5	2—4	2—3
TF	7	6	0
R	6	5	2
分配顺序	3	2	1
分配数量	—	5	2
推移活动	2—5		
剩余时差	1		

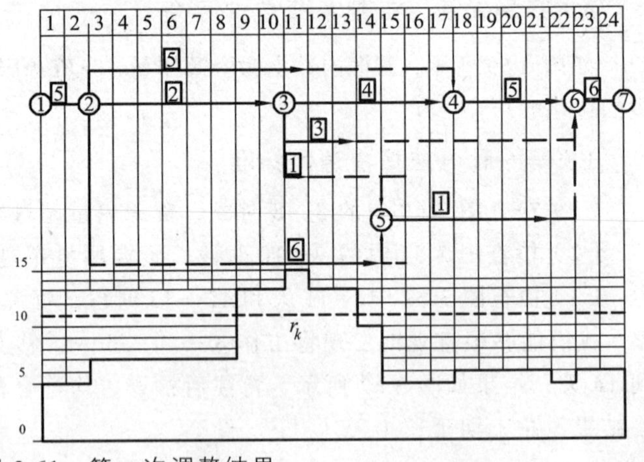

图 3.61　第一次调整结果

2）第二种方法，以工期为标准

（1）对图 3.60 所示网络计划的每天资源消耗量从左至右逐天进行检查，对超过限量的 3—8 天进行调整。

对有冲突的工作做先后顺序排队，LS 最大和 EF 最小同属②—⑤，选 EF 次小，$\Delta D_{23,\ 25}=10-9=1$，工作②—⑤移出该超限量时段，结果同图 3.62。

（2）对图 3.62 所示网络计划的每天资源消耗量从左至右逐天进行检查，对超过限量的 11－13 天进行调整。

时　段	9—10		
天　数	2		
活　动	2—5	2—4	2—3
TF	1	6	0
R	6	5	2
分配顺序	3	2	1
分配数量	—	5	2
推移活动	2—5	已供	
剩余时差	1	资源	

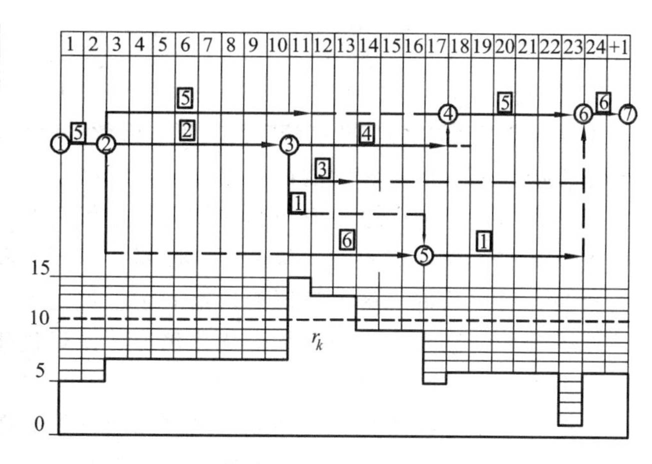

图 3.62　第二次调整结果

对有冲突的工作做先后顺序排队，

$\Delta D_{24,36}=-10$，$\Delta D_{35,36}=-10$，工作③—⑥在工作②—④和③—⑤之后进行；

剩余工作仍有冲突，$\Delta D_{24,35}=-5$，工作③—⑤在工作②—④之后进行；

剩余工作仍有冲突，$\Delta D_{24,25}=0$，工作②—⑤在工作②—④之后进行；

同样可知，工作③—⑥仍须在工作③—⑤之后进行，结果同图 3.63。

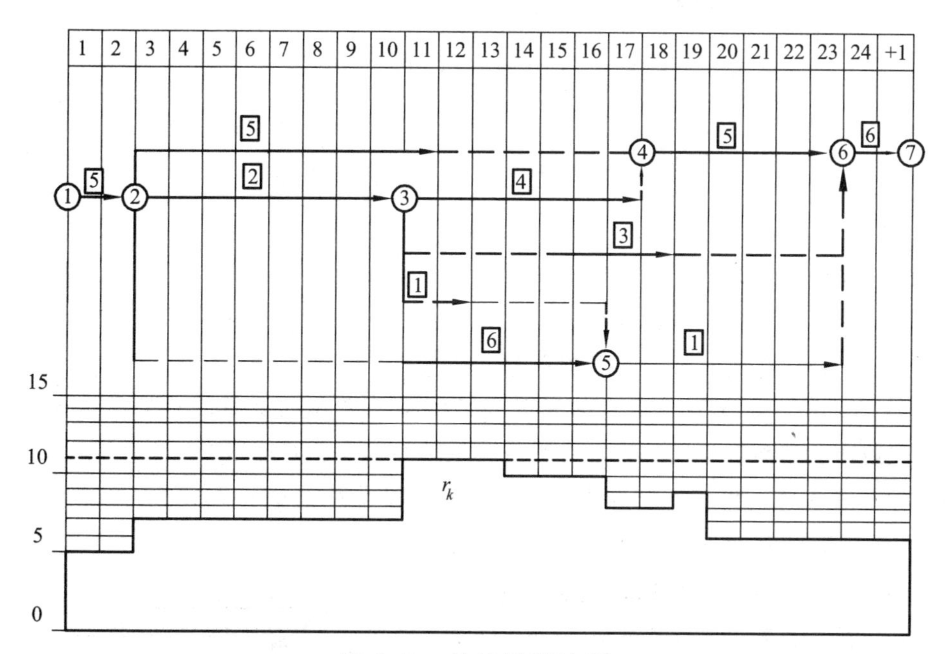

图 3.63　最终调整结果

从上述步骤可见，两种优化的方法是一致的，优化过程的计算方法并不复杂，但计算工作量相当大。对于实际工程，网络计划的活动很多，且往往需要同时对多种资源进行优化，需要借助相应的软件用计算机求解。

4. 工期固定、资源均衡（强度不变）优化

资源有限、工期最短优化的网络计划，主要是解决资源需要和资源供应两者的矛盾。

由于资源需要量曲线“高峰”的压低，因此在一定程度上解决了资源的均衡问题。但它还不能完全解决资源的均衡问题。

网络计划的工期固定、资源均衡优化是指解决在规定的工期内，资源可以保证供应的条件下，不仅使资源需要量曲线“高峰”压低，而且还可把资源需要量曲线“低谷”抬高，可以较好地解决资源的均衡问题。但由于各种活动的资源强度不变，故而比强度可变的工期固定、资源均衡优化稍逊，不过优化的方法则比它简单，也能满足一般的要求。

资源需要量曲线表明了在计划期内资源数量的分布状态。而最理想的状态就是保持一条水平直线（即单位时间内的资源需要量不变）。但这在实际上是不可能的。资源需要量曲线总是在一个平均水平线上下波动。波动的幅度越大就说明资源需要量越不均衡，反之则越均衡。在资源优化中需要定量地分析波动幅度的大小，而衡量波动幅度的主要指标之一就是“方差”σ，其在数理统计中是反映离散程度的统计指标。

1）方差的计算

$$\begin{aligned}\sigma^2 &= \frac{1}{T}\sum_{i=1}^{T}\left[R_i(t)-\overline{\mu}\right]^2 \\ &= \frac{1}{T}\left[\sum_{i}^{T}R_i(t)-\sum_{i}^{T}R_i(t)\overline{\mu}+\sum_{i}^{T}\overline{\mu}^2\right] \\ &= \frac{1}{T}\sum_{i=1}^{T}R_i^2(t)-\overline{\mu}^2\end{aligned} \tag{3.40}$$

式中 σ^2——方差；

T——工期；

$R_i(t)$——每天的资源需要量；

$\overline{\mu}$——在工期 T 内每天的平均资源需要量。

方差的大小表示了每天的资源需要量 $R_i(t)$ 对于资源需要量的平均值 μ 的离散程度。方差越大，其离散程度越大，资源需要量越不均衡；方差越小，其离散程度越小，资源需要量越均衡。根据方差大小就可以判定资源需要量分布的优劣。

2）优化调整时的判别式

在方差计算公式中，T 是常数，R_i 是变量。因此要使 σ 最小，实际上就是使 R_i 最小。资源需求曲线的每一转折都意味着一些工作开始或一些工作结束，所以非关键活动的每一移动（即开始时间的推迟）都会使资源需要量曲线发生变化。如图 3.64 所示，网络计划中非关

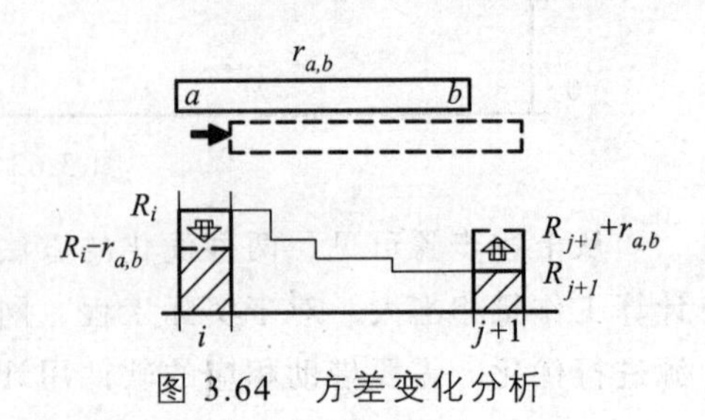

图 3.64 方差变化分析

键活动 a—b，资源需要量为 $r_{a,b}$，ES = i，EF = j。如果工作 a—b 向后推移一天，则只有第 i 天和第 $j+1$ 天的资源用量发生变化。

工作 a—b 移动前后的方差变化值：

$$\Delta = (R_i - r_{a,b}) + (R_{j+1} + r_{a,b}) - R_i - R_{j+1}$$

$$= 2r_{a,b}[R_{j+1} - (R_i - r_{a,b})]$$

要使移动后方差减少，上式必须小于零，即：

$$R_i - r_{a,b} \geqslant R_{j+1} \tag{3.41}$$

利用上述判别式即可判定活动能否推移。当推移一天后，按式（3.41）计算两边的数值，若符合判别式条件，说明推移一天可以使方差减小，则本次推迟可予认可。再继续推移，计算及判别，直至不满足上式时，说明本次推移会使方差增大，本次推移便予以否认，只确认本次推移前的累计推移值。然后再对其他非关键活动进行推移、计算及判别。

3）优化的步骤

（1）将网络计划画成日历网络计划，标明各活动的每日资源需要量 r_k（k 为资源代号）和 FF。

（2）计算和画出资源需要量曲线，标明每日资源需要量 R_i。

（3）以与网络图指向结束节点的非关键活动为调整的起点，从右向左进行调整。

当无非关键活动指向结束节点时，以关键线路上倒数第二个节点为起点；若有多条关键线路，则以节点时间大的为起点，节点时间相等则按同一个节点考虑，直至找到最后一个非关键活动与关键活动相关的结束点为调整的起点。不以关键线路上节点作结束节点的非关键工作，则在其所有紧后工作调整完毕后紧接着调整。图 3.65 中关键线路是①—③—⑥—⑦，调整顺序是⑤—⑦、②—⑤、④—⑤、①—④、②—⑥、①—②。

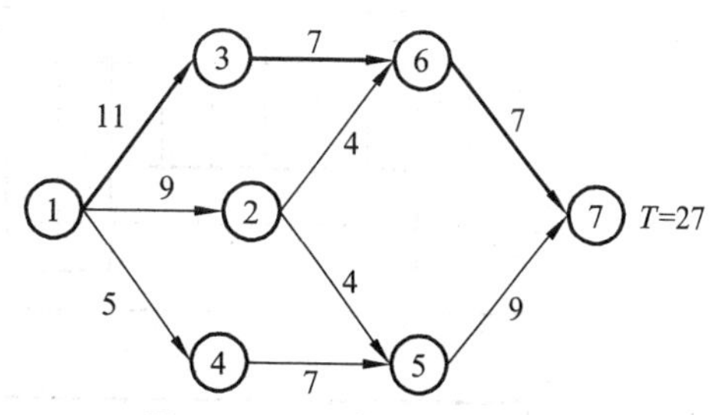

图 3.65　调整顺序示意图

同一结束节点的若干非关键活动，以其中最早开始 ES 较大的先行调整，其中最早开始时间相同的若干个活动，以时差较小的先行调整，而当它们时差相同时，又以每日资源量大的先行调整。

（4）利用方差增减的简易判别式（3.41），依次对各非关键活动在自由时差范围内逐日调整。凡向右推移一个单元时间后，资源需要量变化符合判别式的，则可以右移一个单元时间。逐日推移，进行计算。逐次判别，以定可否推移，直至本次调整时不能再推移为止。画出第一次调整后的带时间坐标的日历网络计划和资源需要量曲线图。

（5）进行次一轮的优化调整，重复第（3）、（4）步骤，直至最后一轮不能再调整为止。画出最后时间坐标网络及资源需要量曲线。至此，完成了工期固定、资源均衡优化解的全过程。

5. 工期固定、资源均衡优化示例

对图 3.59 所示网络计划进行工期固定、单一资源均衡（强度不变）优化。

（1）画出日历网络计划，见图 3.60，箭杆上方框内数字为该活动每日资源需要量。

（2）从右至左，第一个与非关键活动有关的节点是⑥，与其相关的非关键活动有③—⑥和⑤—⑥，$ES_{56} = 12$，$ES_{36} = 11$。先调整⑤—⑥：向右移动一天，$i = 12$，$j = 18$，$R_{12} - r_{5,6} = 8 - 1 = 7$，$R_{19} = 5$，可以移动一天；再右移动一天，$i = 13$，$j = 19$，$R_{13} - r_{5,6} = 8 - 1 = 7$，$R_{20} = 5$，可以移动一天；再右移动一天，$i = 14$，$j = 20$，$R_{14} - r_{5,6} = 5 - 1 = 4$，$R_{21} = 5$，不能移动，累计右移两天，资源曲线变化见图 3.66（a）。

（3）工作③—⑥：向右移动一天，$i = 11$，$j = 13$，$R_{11} - r_{3,6} = 13 - 3 = 10$，$R_{14} = 5$，可以移动一天；再右移动一天，$i = 12$，$j = 14$，$R_{12} - r_{3,6} = 8 - 3 = 5$，$R_{15} = 5$，不能移动，累计右移一天，资源曲线变化见图 3.66（b）。

（4）工作②—④：向右移动一天，$i = 3$，$j = 11$，$R_3 - r_{2,4} = 13 - 5 = 8$，$R_{12} = 7$，可以移动一天；再右移动一天，计算同上，累计可以移动 6 天，资源曲线变化见图 3.66（c）。

（5）结束节点不在关键线路上的工作有③—⑤、②—⑤，均以节点 5 为结束，$ES_{35} = 11$，$ES_{25} = 3$。先调整工作③—⑤：向右移动一天，$i = 11$，$j = 11$，$R_{11} - r_{3,5} = 10 - 1 = 9$，$R_{12} = 12$，不能移动。

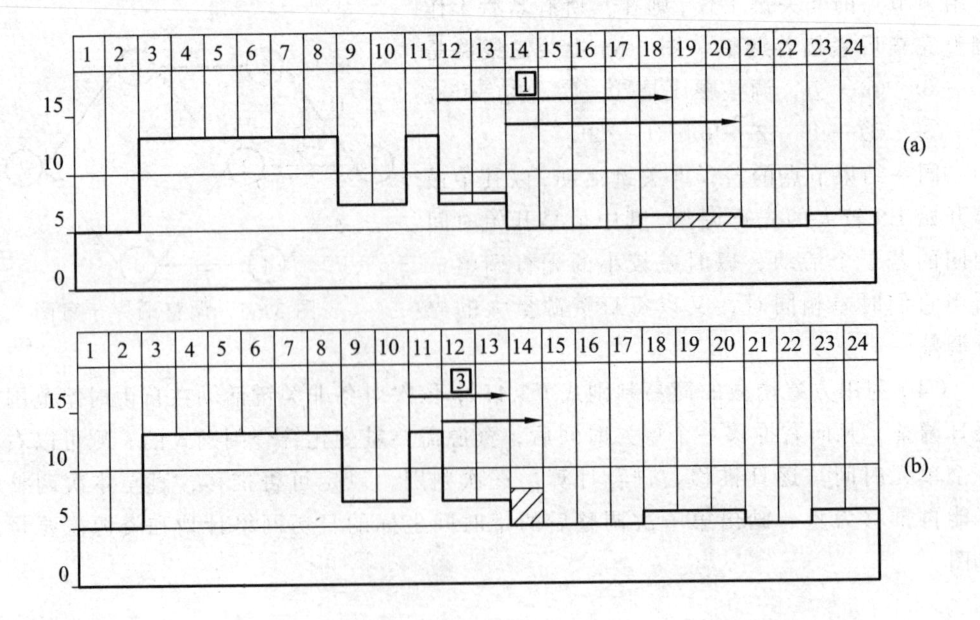

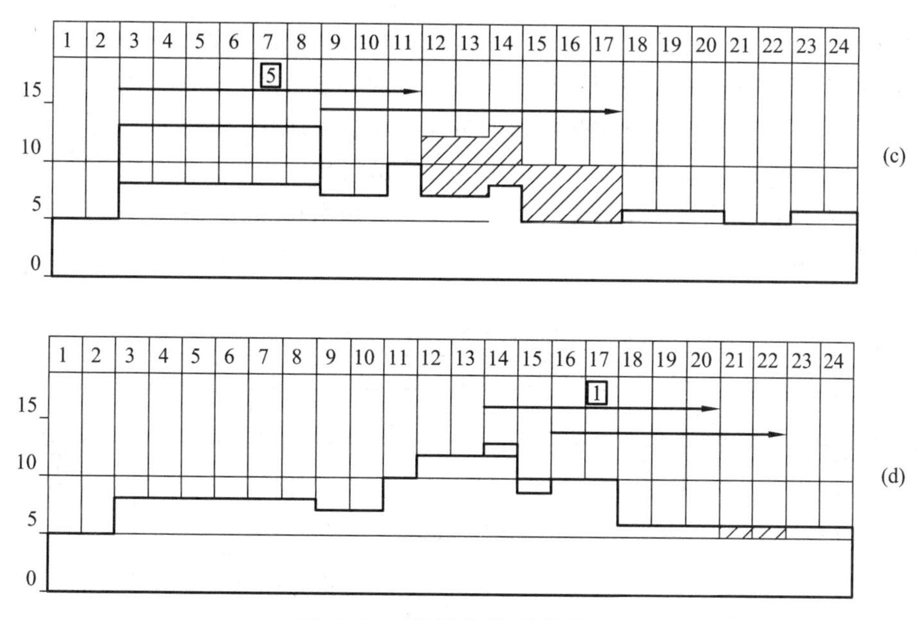

图 3.66　资源均衡优化过程

（6）工作②—⑤：向右移动一天，$i = 3$，$j = 8$，$R_3 - r_{3,5} = 8 - 6 = 2$，$R_9 = 7$，不能移动。

（7）重新绘制时标网络图和资源曲线（图 3.67），再从结束节点开始，自左向右检查，工作⑤—⑥：向右移动一天，$i = 14$，$j = 20$，$R_{14} - r_{5,6} = 13 - 1 = 12$，$R_{21} = 5$，可以移动一天；再右移动一天，$i = 15$，$j = 21$，$R_{15} - r_{5,6} = 10 - 1 = 9$，$R_{22} = 5$，可以移动一天。

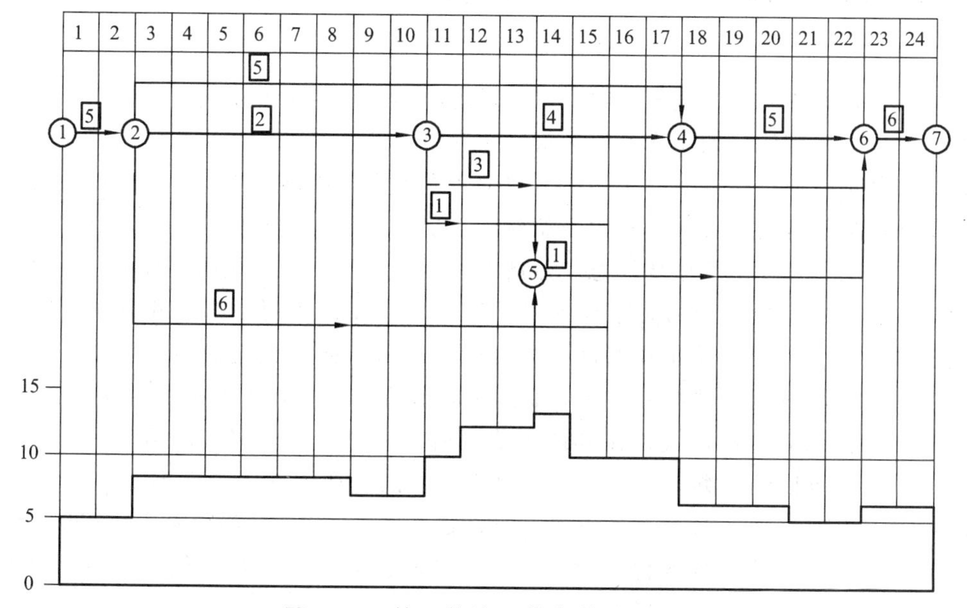

图 3.67　第一轮资源均衡优化结果

由于时差已用完，视为关键工作，累计移动两天，资源曲线变化见图 3.66（d）。

（8）检查工作③—⑥，不能移动；工作②—④时差用完，视为关键工作，不能移动；③—⑤也不能移动，绘制优化后的网络计划及资源曲线如图 3.68 所示。

将图 3.68 和图 3.60 进行比较，明显经过均衡优化的结果方差是比较小的。从网络计划资源均衡优化的过程来看，计算很简单，但相当烦琐，一般网络计划的资源均衡优化都用计算机进行计算。有几点需注意：

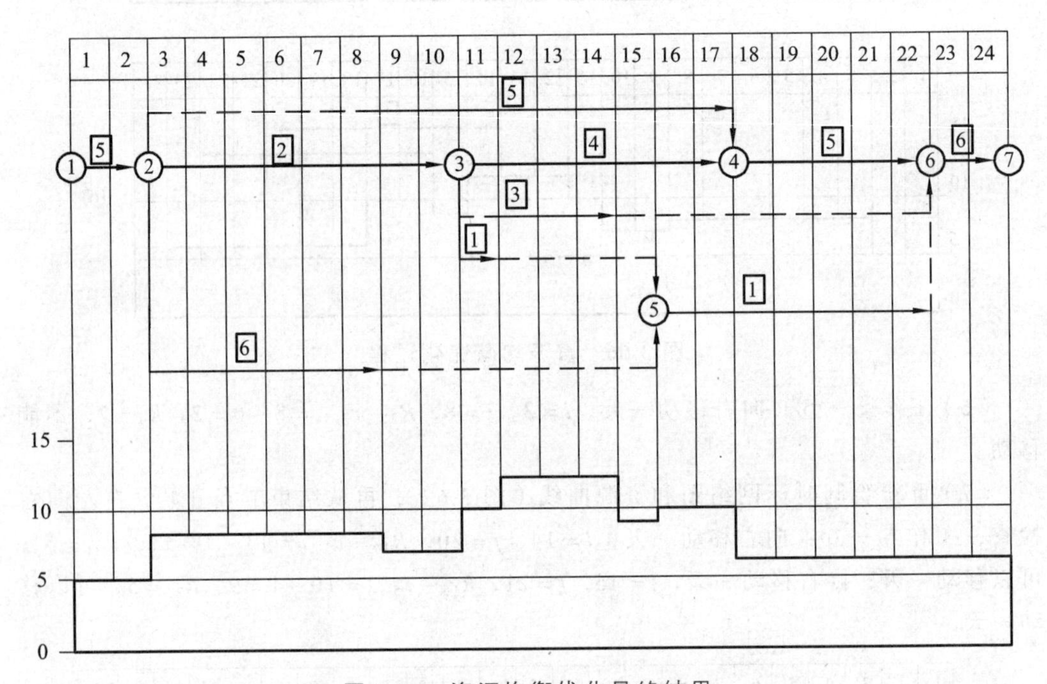

图 3.68 资源均衡优化最终结果

（1）在资源均衡优化过程中也可以用最迟时间绘制时标网络图，从开始节点开始自左至右优化，被优化的工作是以关键线路上节点开始的工作，优化的结果有一点区别，即当判别式两边相等时，工作没有移动（事实上是移动与否不影响方差的改变），这种工作用最早时间的方法优化则开始时间靠前，用最迟时间的方法则靠后。

（2）在工作移动过程中要注意“过波谷”问题。从均衡优化的过程可以看出，优化的实质就是在某项工作的时差范围内寻找不包括该工作用量的资源需求曲线的最低点，作为该工作对应的工作时间。要量的资源需求曲线是起伏的，可能不止一个波谷，在上述均衡优化过程中，一个工作移动到第一个波谷谷地就不再移动；但是，如果某项工作的时差比较大，在其调整范围内有两个以上的波谷，第二个波谷的值更小时，是还可以继续移动工作、获得更小方差的，如图 3.68 的工作③—⑥，再移动一天方差不变，移动两天方差增加，但是移过第 16、17 的峰值从第 18 天开始施工方差会更小。因此，均衡优化时要特别注意时差较大的工作，最好在整个时差范围内考虑移动与否。

（3）资源均衡优化的方法是按单一资源考虑的，在实际工程中，任何一项工作都不只需要一种资源，按单一资源的优化方法处理完一种资源，再根据另一种资源进行优化时会出现矛盾，要将各种资源综合考虑，同时处理。

（4）“工期固定，资源均衡（强度可变）”优化，乃至于工期、资源强度均可变的优化，能获得最优的网络优化解，但相当复杂、烦琐，读者可参考其他有关资料，本书从略。

3.8.3　费用优化

费用优化是通过不同工期及其相应工程费用的比较，寻求与工程费用最低相对应的最优工期。

1. 工期与费用的关系

工程费用包括直接费用和间接费用两部分。直接费即建筑工程的人工费、材料费、机械费等，间接费由施工管理费等项目组成。图 3.69 所示是直接费与工期的关系，图 3.70 所示是成本与工期的关系。

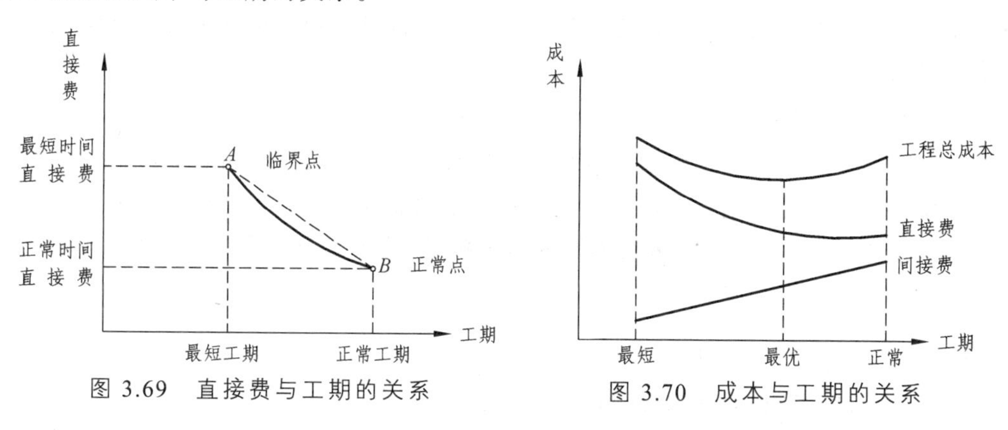

图 3.69　直接费与工期的关系　　图 3.70　成本与工期的关系

由于工程所采用的施工方案不同，对直接费有较大的影响，对间接费也有一定的影响，它们与工期都有密切关系。工程的间接费一般与工程工期成正比，随工期的增加而递增。间接费包括管理人员、企业领导、技术人员、后勤人员的工资，设备、全工地性设施的租赁费，现场临时设施，公用和福利事业费，利息等。在一定范围内，直接费用随着工期的缩短而增加，如增加工人数量、增加工作班次、增加施工机械和设备的数量及更换大功率的设备、采取特殊施工方法和新工艺，以及增加人员、设备后因工作面不足的降效都会增加工程成本。然而工期缩短有一个极限，无论增加多少直接费也不能再缩短工期，此极限称为临界点，此时的工期为最短工期，此时的费用为最短时间直接费，如图 3.69 中的 A 点；工期延长可以减少直接费，延长至某一极限，则无论将工期延至多长，也不能再减少直接费，该极限称为正常点 B，此时的工期为正常工期，费用称为最低直接费或正常费用。

工程的总成本是直接费和间接费用之和（图 3.70），任何一个工程都有一个最优工期，即工程成本曲线的最低点（A 点）及对应的工期（T），通过曲线可以找到各种不同工期的总成本。

直接费用曲线实际上并不像图中那样圆滑，而是由一系列线段组成的，越接近于最短工期越陡，为简化计算，用直线代替，其斜率为 k，费用率 $e=-k$，即

$$e=-k=-\frac{C_n-C_s}{T_n-T_s}=\frac{C_s-C_n}{T_n-T_s} \tag{3.42}$$

式中 e——费率；

C_n——正常时间的直接费；

C_s——最短时间的直接费；

T_n——正常持续时间；

T_s——最短持续时间。

根据施工过程的不同性质，工作持续时间与费用之间的关系有以下两种：

1）连续性变化关系

连续性变化关系是指在 $T_s \sim T_n$ 范围内，工程费用是工期的连续函数，直接费用随着工作持续时间的改变而改变，持续时间可以在正常时间和最短时间之间取任意值，费率可以按式（3.42）计算。

2）离散性变化关系

离散性变化关系是指某些施工过程的直接费用与持续时间之间的关系是根据不同施工方案确定的，费用也是工期的函数，不过是间断的，只存在几种情况供选择。

如某工业厂房吊装工程，采用不同的吊装机械，每种机械有相应的工期和直接费，只能从中选择一个工期时间。

2. 费用优化的调整和计算步骤

（1）简化网络计划并计算各工作的费率 e。

（2）找出费率最低的一项工作或组合费率最低的一组工作。

（3）缩短持续时间，计算相应的费用增加值。

（4）考虑工期变化带来的间接费变化和其他损益变化，计算费用总和。

（5）重复（2）~（4）步骤，直至费用不再降低或已满足要求工期为止，找出费用总和最低点对应的工期或要求工期对应的费用总和。费用最低工期大于合同工期，按合同工期组织实施；最低工期低于合同工期，则按最低费用工期组织实施。

如果一个工程的间接费用为 c 元/天，第 i 个工作的费率为 e_i，工期压缩一天，成本降低值为：

$$\Delta C=c-e_i \tag{3.43}$$

该工作可以压缩的前提是 $\Delta C \geqslant 0$，即 $c \geqslant e_i$。所以按上述步骤以费率从小到大的顺序调整，如果不满足 $c \geqslant e_i$ 时，调整即可终止。

3. 费用优化示例

某工程任务的网络计划如图 3.71 所示。箭线上方括号外为正常时间直接费，括号内为最短时间直接费；箭线下方括号外为正常持续时间，括号内为最短持续时间。假定平均每天的间接费为 170 元，试对其进行费用优化。

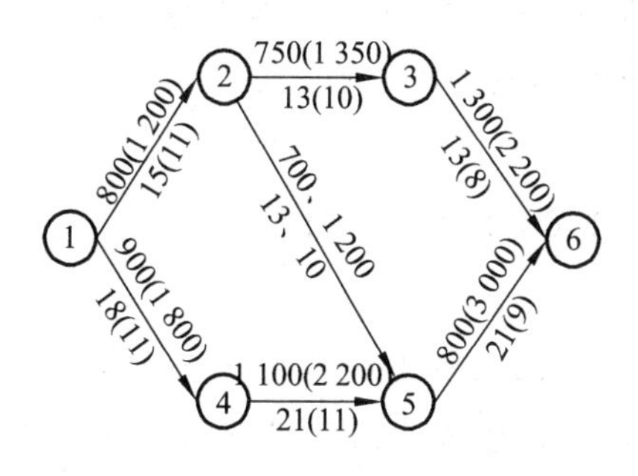

图 3.71　某工程网络计划

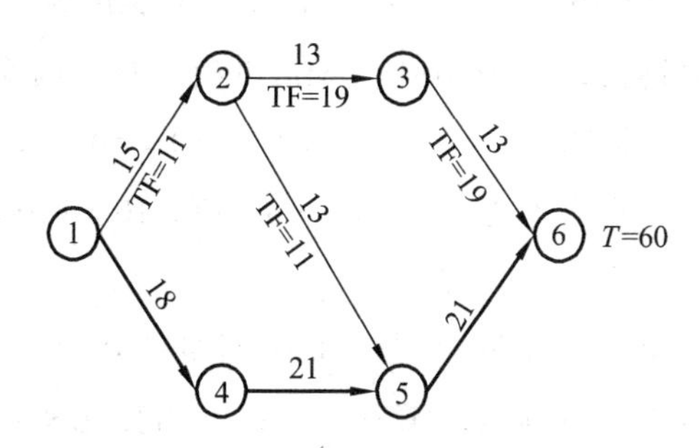

图 3.72　正常时间网络计划

第一步，列出时间和费用的原始数据表，并计算各工作的费用率（表 3.8）。

第二步，分别计算各工作在正常持续时间网络计划时间参数，确定其关键线路，如图 3.72 所示。从图表中可知：正常持续时间网络计划的计算工期为 60 天，关键线路为①—④—⑤—⑥，正常时间直接费为 6 350 元，总成本为 6 350 + 60 × 170 = 16 550。

表 3.8　时间-费用数据

正常时间		最短时间		相　差		费率 E /（元/天）	费用与时间变化关系
时间 T_n	直接费 C_n	时间 T_s	直接费 C_s	ΔC/元	ΔT/天		
15	800	11	1 200	400	4	100	连续
18	900	11	1 800	900	7	129	连续
13	750	10	1 350	600	3	200	连续
13	700	10	1 200	500	3	167	离散
21	1 100	11	2 200	1 100	10	110	连续
13	1 300	8	2 200	900	5	180	连续
21	800	9	3 000	2 200	12	183	连续
Σ	6 350		12 950				

第三步，进行工期缩短，从直接费用增加额最少的关键工作入手进行优化。优化通常需经过多次循环。而每一个循环又分以下几步：

① 通过计算找出上次循环后网络图的关键线路和关键工作；

② 从各关键工作中找出缩短单位时间所增加费用最少的方案；

③ 通过计算并确定该方案可能缩短的最多天数；

④ 计算由于缩短工作持续时间所引起的费用增加或其循环后的费用。

第一次压缩：在正常时间网络计划图中，关键工作为①—④、④—⑤、⑤—⑥，从表 3.8 中看到，④—⑤工作费用变化率最小为 110 元/天，时间可缩短 10 天，小于非关键活动的最小时差 Min{TF} = 11，因而不影响其他工作，则：

工期为　　$T_1 = 60 - 10 = 50$（天）

工程成本为　　$C_1 = 6\,350 + 10 \times 110 + 50 \times 170 = 15\,950$（元）

结果如图 3.73。

第二次压缩：在图 3.73 网络计划图中，可压缩的关键工作为①—④、⑤—⑥，从表 3.8 中看到，①—④工作费用变化率最小为 129 元/天，时间可缩短 7 天，大于非关键活动的最小时差 Min{TF} = 1，因而先压缩一天，即：

工期为　　$T_2 = 50 - 1 = 49$（天）

工程成本为　　$C_2 = 15\,950 + 1 \times 129 - 1 \times 170 = 15\,909$（元）

结果如图 3.74。

第三次压缩：在图 3.74 网络计划图中，关键线路有两条：①—④—⑤—⑥和①—②—⑤—⑥。压缩方案有 6 个：

Ⅰ. 工作①—②和①—④同时压缩，$e = 229$；

Ⅱ. 工作①—④和②—⑤同时压缩，$e = 296$；

Ⅲ. 工作①—②和④—⑤同时压缩，$e = 210$；

Ⅳ. 工作④—⑤和②—⑤同时压缩，$e = 277$；

Ⅴ. 工作⑤—⑥压缩 8 天，全部成为关键线路，$e = 183$；

Ⅵ. 工作①—②和②—⑤同时压缩，$e = 267$。

但不管采用哪种方式，$e \geqslant c$，所以均不能压缩，图 3.74 所示网络计划为最终结果。

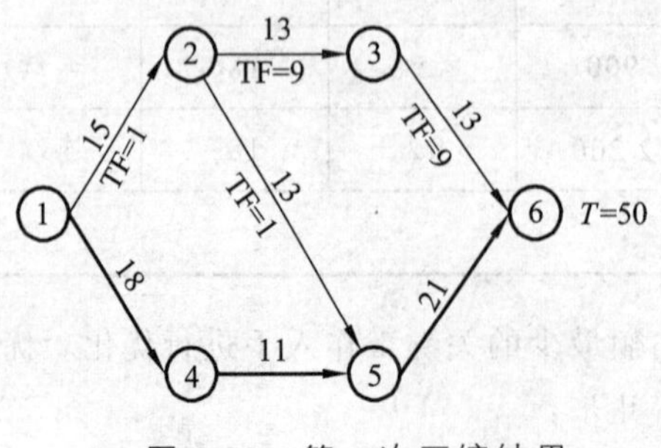

图 3.73　第一次压缩结果

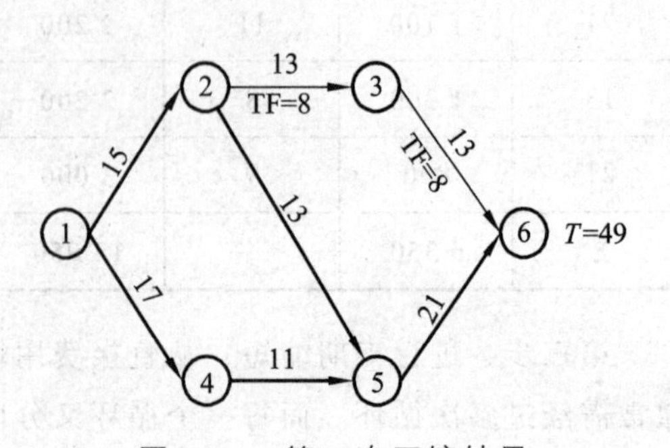

图 3.74　第二次压缩结果

复习思考题

1. 简述单代号和双代号网络图的绘制规则。
2. 简述横道图与网络图的优缺点。
3. 简述网络图时间参数计算方法。
4. 简述时间坐标网络图的绘制方法。
5. 简述搭接网络图时间参数的计算方法。
6. 简述网络优化的分类和优化过程。

第 4 章　单位工程施工组织设计

4.1　单位工程施工组织设计的任务、内容及编制依据

4.1.1　单位工程施工组织设计的任务

单位工程施工组织设计的编制以单位工程为对象，根据设计图纸和招投标的要求、组织施工的原则和实际条件，从整个建筑物施工全局的角度出发，选择最有效的施工方案和方法，确定各分部分项工程的搭接和配合，以最少的劳动力和物力消耗，在规定的工期内，保质保量地完成或提前完成该项工程。

施工队伍往往同时承担若干个工程项目，即同时有若干单位工程进行施工。对一个施工队伍来说，它的全部生产活动是一个统一的、有机的整体，在一定时期内的人力、物力、财力等施工条件是有限的。因此，单位工程施工组织设计不能是孤立地只考虑本单位工程来编制，而应从整个施工队伍整体来考虑，尤其是对某些主要建筑机械和专业工人的平衡。

当单位工程属于某群体工程中的一个组成部分时，编制该单位工程施工组织设计时应考虑群体工程对本单位工程的种种条件限制，应满足群体工程的要求，即局部要服从全局的规定。

建筑工程招标投标中，投标单位除了提出工程投标报价以外，还要根据现场实际条件和工程要求，提出单位工程的施工技术措施和进度计划，这相当于一个初步的单位工程施工组织设计。这是一个十分重要的材料，它非但作为投标文件的一部分，并且是计算投标报价的根据之一。不同的施工方案、技术措施、主要设备的选用以及施工平面布置，都与报价有密切关系。当然，在报价时可参考过去的施工经验和现成的数据，但更应考虑各个单位工程的特定条件。

单位施工组织设计的任务是在党和国家的方针、政策指导下，从施工全局出发，站在技术和经济统一的角度，根据具体条件，拟订施工方案，合理地确定施工程序、施工流向、施工顺序、施工方法、劳动组织、技术组织措施，正确地选择施工机具，安排施工进度和劳动力、机具、材料、构件及各种半成品供应，合理地确定各种材料、制品和机具在空间上的布置，对运输道路、场地、水电等现场设施作出规划，把设计与施工、技术和经济、前方和后方、企业全局和工程施工组织，把施工中各单位、各部门、各阶段以及各项目之间有机地协调起来，在科学合理的基础上，做到人尽其才、

物尽其用，以最少的消耗取得最大的经济效益和社会效益。

单位工程施工组织设计是该工程施工中必须遵循的技术资料。为此，应研究和确定下列几个主要方面的技术措施：

（1）各分部分项工程以及各工种之间的先后施工顺序和交叉搭接。

（2）对各种新技术及较复杂的施工方法所必须采取的有效措施与技术规定。

（3）设备安装的进场时间以及与土建施工的交叉搭接。

（4）施工中的安全技术和所采取的措施。

在单位工程施工组织设计中，还应对主要分部工程的施工方案进行技术经济比较，最后选择切合实际的、最优的方案。

总之，单位工程施工组织设计的任务是能对该建筑物的施工起指导和组织施工的作用。它必须与实际密切联系，一切从实际出发并考虑技术上的先进性、经济上的合理性和现实性。

4.1.2　单位工程施工组织设计的内容

根据建筑物的规模大小、结构的复杂程度、采用新技术的内容、工期要求、建设地点的自然经济条件、施工单位的技术力量及其对该类工程施工的熟悉程度，单位工程施工组织设计的编制内容与深度应有所不同。每一个施工组织设计的重点，根据实际要求而定，不能强求一致，应讲求实效，以在实际施工中起指导作用为目的。

单位工程有以下两种情况：

一是该单位工程属建筑群施工中的一个组成部分。凡属于这种群体工程中的单个建筑物，应根据整个建筑群施工组织总设计中对该建筑物所提供的条件和要求来编制某施工组织设计。

另一种情况是独立的单个建筑物。例如建造一幢教学大楼，或扩建一个车间等，按独立的单个建筑物的施工条件出发来编制其施工组织设计。

不管属于哪种情况，单位工程施工组织设计一般应包括下列主要内容：

1. 拟建工程的工程概况

工程概况应包括工程主要情况、各专业设计简介和工程施工条件等。

工程主要情况应包括下列内容：工程名称、性质和地理位置；工程的建设、勘察、设计、监理和总承包等相关单位的情况；工程承包范围和分包工程范围；施工合同、招标文件或总承包单位对工程施工的重点要求；其他应说明的情况。

各专业设计简介应包括下列内容：建筑设计简介应依据建设单位提供的建筑设计文件进行描述，包括建筑规模、建筑功能、建筑特点、建筑耐火、防水及节能要求等，并应简单描述工程的主要装修做法；结构设计简介应依据建设单位提供的结构设计文件进行描述，包括结构形式、地基基础形式、结构安全等级、抗震设防类别、主要结构构件类型及要求等；电气设备安装专业设计简介应依据建设单位提供的各相关专业设计文件进行描述，包括给水、排水及采暖系统、通风与空调系统、电气系统、智能化系统、电梯等各个专业系统的做法要求。

工程施工条件应包含：项目建设地点气象状况；项目施工区域地形和工程水文地质状况；项目施工区域地上、地下管线及相邻的地上、地下建（构）筑物情况；与项目施工有关的道路、河流等状况；当地建筑材料、设备供应和交通运输等服务能力状况；当地供电、供水、供热和通信能力状况；其他与施工有关的主要因素。

工程概况是编制施工组织设计的依据和基本条件。工程概况可附简图说明，各种工程设计和自然条件的参数可列表说明，简明扼要。各专业设计简介应让人阅读后能在头脑中形成一个拟建工程的清晰轮廓。

2. 施工部署

施工部署是对项目实施过程做出的统筹规划和全面安排,包括项目施工主要目标、施工顺序及空间组织、施工组织安排等。编制施工部署首先应根据施工合同、招标文件以及本单位对工程管理目标的要求确定工程施工目标，包括进度、质量、安全、环境和成本等目标。各项目标应满足施工组织总设计中确定的总体目标。

施工进度安排和空间组织应符合下列规定：应明确说明工程主要施工内容及其进度安排，施工顺序应符合工序逻辑关系；施工流水段应结合工程具体情况分阶段进行划分；单位工程施工阶段的划分一般包括地基基础、主体结构、装修装饰和机电设备安装三个阶段。

应进一步分析工程施工的组织管理和施工技术两个方面的重点和难点。工对程施工中开发和使用的新技术、新工艺应做出部署，对新材料和新设备的使用应提出技术及管理要求。简要说明主要分包工程施工单位的选择要求及管理方式。

单位工程施工部署是以分部（分项）工程或专项工程为主要对象编制的施工技术与组织方案，用以具体指导其施工过程。施工部署是单位工程施工组织设计的重点。应着重于施工部署的技术经济比较，力求采用新技术，选择最优方案。确定施工部署时，应确定各主要工种工程的施工机械及其布置和开行路线，现浇混凝土的模板选用，混凝土的水平和垂直运输方案，降低地下水的方案，材料、构件运输方案，预制构件的种类数量以及各主要分部分项工程的施工方法和技术经济比较。

3. 施工进度计划

施工进度计划是为实现项目设定的工期目标，对各项施工过程的施工顺序、起止时间和相互衔接关系所作的统筹策划和安排。施工进度计划要反映工程项目的分部分项和施工过程的组成情况，以及它们之间的连接关系、施工顺序和搭接、交叉作业情况，各施工过程的劳动组织、工作日以及配备的施工机械台班数量。因此，施工进度计划要反映出整个工程施工的全过程。最优的施工进度是资源需用量均衡、工期合理或符合规定工期，合理使用资源，在不提高费用的基础上，使工期最短。应用流水作业原理和网络计划技术来编制施工进度计划能获得比较好的效果。在施工进度计划的基础上还要编制出材料、预制构件、半成品、机械等资源的需要量计划。

4. 施工准备与资源配置计划

施工准备应包括技术准备、现场准备和资金准备等。技术准备应包括施工所需技术资料的准备、施工方案编制计划、试验检验及设备调试工作计划、样板制作计划等：

（1）主要分部（分项）工程和专项工程在施工前应单独编制施工方案，施工方案可根据工程进展情况，分阶段编制完成；对需要编制的主要施工方案应制定编制计划。

（2）试验检验及设备调试工作计划应根据现行规范、标准中的有关要求及工程规模、进度等实际情况制订。

（3）样板制作计划应根据施工合同或招标文件的要求并结合工程特点制订。

现场准备应根据现场施工条件和工程实际需要，准备现场生产、生活等临时设施。

资金准备应根据施工进度计划编制资金使用计划。

资源配置计划应包括劳动力配置计划和物资配置计划等。劳动力配置计划包括：确定各施工阶段用工量；根据施工进度计划确定各施工阶段劳动力配置计划。物资配置计划包括：主要工程材料和设备的配置计划，应根据施工进度计划确定，包括各施工阶段所需主要工程材料、设备的种类和数量；工程施工主要周转材料和施工机具的配置计划，应根据施工部署和施工进度计划确定，包括各施工阶段所需主要周转材料、施工机具的种类和数量。

5. 主要施工方案

单位工程应按照《建筑工程施工质量验收统一标准》GB 50300 中分部、分项工程的划分原则，对主要分部、分项工程制订施工方案。对脚手架工程、起重吊装工程、临时用水用电工程、季节性施工等专项工程所采用的施工方案应进行必要的验算和说明。

6. 施工平面布置

施工平面布置是指在施工用地范围内，对各项生产、生活设施及其他辅助设施等进行规划和布置。施工平面图上应说明施工现场“三通一平”要求，现场临时建筑物、围墙、机械、搅拌站、工棚及仓库等布置，力求使材料及预制构件的二次搬运最少。文明施工主要是指施工现场井井有条、布置合理，各种运输路线畅通，为施工创造良好的条件，施工垃圾能及时回收利用和清运处理，排水系统能迅速排除雨水和施工废水，材料、构件堆放方便施工而有利于减少损耗，现场符合安全生产管理规定。

7. 质量、安全、防火措施

质量、安全、防火措施是单位工程施工组织设计的必需内容，但是务必要结合工程实际和施工单位的具体情况来拟订，要避免千篇一律地堆砌条文，没有针对性，要拟订能起实际指导作用的具体措施。常规的规则、工人应知应会的内容不必写入，以免喧宾夺主。

除施工方案要进行技术经济比较以外，进度计划和施工平面布置也需要进行方案比较，在多方案的论证下才能选择最优方案，以达到最好的经济效益。

综上所述，单位工程施工组织设计的内容主要是施工方案、施工进度计划表和施工平面图三大部分。特别应指出的是技术经济比较应贯彻始终，以寻求最优方案和最佳进度。

对简单的或一般常见而施工单位又比较熟悉的工程项目，其单位工程施工组织设计可以简略一些，根据工程和施工条件的特点，着重阐明施工技术措施、施工进度控制和材料、门窗及预制构件等的需要量以及绘制施工平面布置图；对常规的某些施工方法，可不必写入。施工单位可以依靠自己的力量，依据过去的经验和本单位的具体条件拟订标准、定性的施工组织设计，并针对具体工程的条件加以局部补充和修改，可以简化施工组织设计的编制手续、节约时间和劳动力，在投标阶段尤为重要。

4.1.3 单位工程施工组织设计的编制依据

根据建设工程的类型和性质、建设地区的各种自然条件和技术经济条件、工程项目的施工条件以及本施工单位的施工力量配备，向各有关部门搜集和调查设计资料。不足之处可通过实地勘测或调查取得，作为编制单位工程施工组织设计的依据。施工组织设计除应以与工程建设有关的法律、法规和文件、工程施工合同或招标投标文件为依据以外，还应包括：

（1）建筑群或建设项目施工组织总设计。当单位工程为建筑群或建设项目的一个组成部分时，该建筑物的施工组织设计必须按照施工组织总设计的各项指标和任务要求进行编制。

（2）工程所在地区行政主管部门的批准文件，建设单位对施工的要求和施工合同的条款规定，如开竣工日期、质量要求、特殊施工技术要求、采用的先进技术、计划材料提供情况、施工图提供计划以及建设单位可以提供的条件（施工用临时设施、水电气供应、食堂和生活设施等）、施工现场拆迁情况等。

（3）工程施工范围内的现场条件，工程地质及水文地质、气象等自然条件。本工程的地质勘探资料，包括地下水及暴雨后场地积水情况和排水方向，气象资料包括施工期间最低及最高气温和雨量、地形图等。

（4）与工程有关的资源供应情况，施工企业的生产能力、机具设备状况、技术水平。施工单位对本工程可提供的条件有：劳动力、主要施工机械设备、各专业工人数以及年度生产经营计划；材料、预制构件及半成品等的供应情况，包括：主要材料、构件、半成品的来源及供应方式、运距、价格、货源以及水运封冻时间、铁路运输转运条件等，尤其要注意地方材料的供应条件方式和价格；水电供应条件，包括水源、电源及其供应量，水压、电压以及是否需单独设置变压器，供电连续性情况；劳动力配备情况。施工期间提供的总劳动量和专业工种劳动量；主要施工机械的配备情况、种类和数量、供应方式、进场条件。

（5）国家现行有关标准和技术经济指标。地区定额手册、操作规程和国家规范、施工手册、标准图集、验收规程、操作规程。

（6）工程设计文件。本工程项目的施工图、图纸会审纪要、勘察文件。

（7）协作单位情况，各阶段设备安装进场的时间。

（8）施工单位对类似工程的经验资料。

（9）当地政治经济、文化生活、商业、市场以及民族特点、民俗风气等。

4.1.4　单位工程施工组织设计的编制程序

由于单位工程施工组织设计是施工基层控制和指导施工的文件，必须切合实际，在编制前应会同各有关部门共同讨论和研究主要的技术措施和组织问题。单位工程施工组织设计的编制程序如图 4.1 所示。

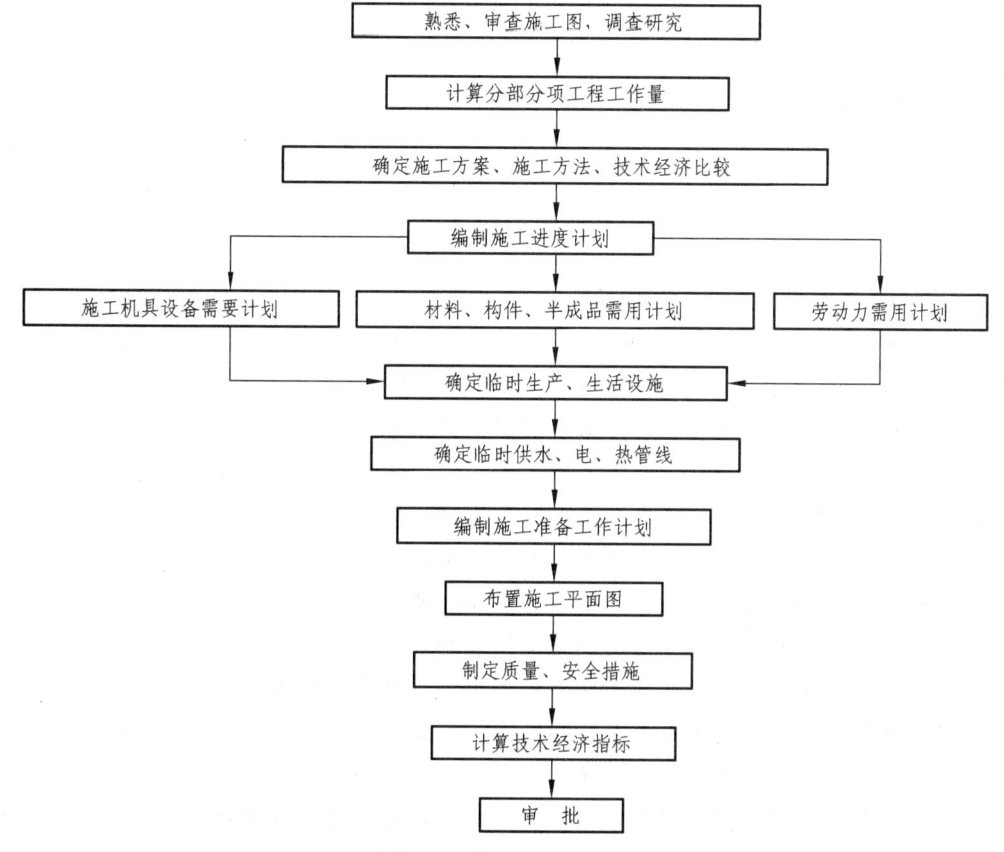

图 4.1　单位工程施工组织设计编制程序

4.2 编制单位工程施工组织设计的基本原则

编制单位工程施工组织设计时，施工组织设计的编制除必须遵循工程建设程序以外，还应遵循下列原则：

1. 保证重点，统筹安排，遵守合同承诺

工程项目的轻重缓急，要根据承包合同的要求进行排队，把人、财、物投入到急需的工程上去，使其尽快建成投产。同时注意重点工程和一般工程的结合、主要项目和辅助附属项目的配套，做到主次分明、统筹兼顾。

2. 充分做好施工准备工作

单位工程施工准备工作是围绕材料、设备及施工队伍进场所做的工作，如图纸会审、三通一平以及施工用临时设施的搭设。工程开工后在施工过程中，每一个分部工程、分项工程施工前都有相应的施工准备工作，必须提前完成，为后继工程施工创造条件。施工准备工作是贯穿工程施工全过程的。施工准备工作要有预见性，成功的项目管理人员都是努力把施工准备工作的各个环节做得很充分的。

3. 做好现场工程技术资料的调查工作

工程技术资料是编制单位工程施工组织设计的主要依据，原始资料必须真实、数据必须可靠，特别是水文、地质、材料供应、运输及水电供应的资料。每个工程都有其不同的难点和重点，组织设计中应在施工难点、重点上收集完整、确切的资料，就可以根据实际条件制订方案并从中优选。

4. 坚持科学的施工程序和合理的施工顺序

采用流水施工和网络计划等方法，科学配置资源，合理布置现场，采取季节性施工措施，实现均衡施工，达到合理的经济技术指标。

按照建筑施工的客观规律安排施工程序，可将整个工程划分成几个阶段，如施工准备、基础工程、预制工程、主体结构工程、屋面防水工程、装饰工程等。在各个施工阶段之间互有搭接，衔接紧凑，尽可能采用流水作业，力求均衡施工、缩短工期。合理的施工顺序应注意各个施工过程的安全施工，尤其是立体的交叉作业和平行作业更要采取必要可靠的安全措施。安排施工顺序时要考虑以下几点：

（1）及时完成施工准备，为正式施工创造条件。

（2）具备条件时应先进行全场性工程，再进行各个工程项目的施工。

（3）单个建筑的施工既要考虑空间顺序，也要考虑工种之间的时间顺序。空间顺序解决施工流向，时间顺序解决工序的搭接、衔接关系。

（4）可供施工期间使用的永久性设施可以尽量先建造，以便减少暂设工程，节约投资。

5. 积极开发、使用新技术和新工艺，推广应用新材料和新设备

采用先进的施工技术和组织管理技术是提高劳动生产率、保证工程质量、加快施工速度和降低工程成本的途径。应从自身的技术、管理水平出，以实事求是的态度，在调查研究的基础上拟订经过努力能够实现的新技术、新方法，经过科学分析和技术经济论证后作出决定，切忌好高骛远和消极对待。

6. 土建施工与设备安装应密切配合

某些工业建筑，设备安装工程量较大，成为工程项目建设的关键工序，处于主导地位。为了能使整个厂房提前投产，土建施工应为设备安装创造条件，提出设备安装进场时间。设备安装时间应尽可能与土建搭接，特别是对于电站、化工厂及冶金工厂等，设备安装与土建施工的搭接关系更为密切。在土建与设备安装搭接施工时，应考虑到施工安全和对设备的污染，最好采取分区分段进行。水、电、卫生设备的安装，也应与土建施工交叉配合，严格执行前后工序搭接验收制度。

7. 采取技术和管理措施，进行技术经济比较，推广建筑节能和绿色施工

对主要工种工程的施工方法和主要机械的选择应进行多方案技术经济比较，选择经济上合理的、技术上先进的、切合现场实际的施工方案。此外，进度计划、施工平面布置、交通运输、材料设备的采购以及各种组织管理体制都要进行技术经济分析，采用多方案评比，从中选优。

8. 减少暂设工程和物资运输量，合理布置施工平面，节约施工用地

暂设工程在施工结束后要拆除，要达到节约的目的，采取下列措施：

（1）尽量利用原有的建筑物，满足施工的需要。

（2）可为施工服务的正式工程提前施工。

（3）构件尽量在工地所在地附近的加工企业加工，必要时才自建加工场所。

（4）广泛采用可移动装拆的房屋和设备。

（5）合理组织建筑材料和制品的供应，减少仓储量和仓储面积。

运输费在工程成本中占有一成左右的比重，应尽量利用当地资源，减少物资运输量，正确选择运输工具和方式，降低运输费用。

9. 符合工程进度、质量、安全、环境保护、造价等方面的要求

在单位工程施工组织设计中必须提出确保工程质量、施工安全的措施和降低成本的措施，尤其是新技术和本施工单位较生疏的工艺。制定措施务必切合实际、有的放矢。施工组织设计应与质量、环境和职业健康安全三个管理体系有效结合。

4.3　施工部署

施工部署的制定是单位工程施工组织设计中带决策性的重要环节，直接影响单位

工程施工的经济效益和工程性质。施工部署包括施工程序、施工流程、施工顺序、施工组织、主要分部分项工程的施工方法和施工机械的选择等内容。施工部署拟订时，一般须对主要工程项目的几种可能采用的施工方法作技术经济比较，然后从中选择最优方案作为安排施工进度计划、设计施工平面图的依据。在拟订施工部署之前应先研究决定下列几个主要问题，即：

（1）整个建筑的施工应划分成几个施工阶段及每一个施工阶段中需配备的主要机械、设备。

（2）现场预制和预制厂供应构件的数量，工程施工中需配备多少劳动力和设备。

（3）结构吊装和设备安装应如何配合，有哪些协作单位。

（4）主要工种工程拟采用哪种施工方法。

（5）施工总工期及完成各主要施工阶段的控制日期。

4.3.1 确定施工程序

1. 单位工程施工部署

施工部署是从整个工程的全局出发，针对施工对象作出的指导全局、组织施工的战略规划，是组织施工中决策性的重要环节。单位工程施工部署主要解决以下问题：

（1）对该单位工程施工阶段的划分，即每个阶段需配备的主要施工机械、劳动力和主要施工方法。对一般工程而言，可分为：

① 基础工程——包括地下水处理、土方、打桩、垫层、钢筋混凝土基础、砖基础、防潮层等分项工程。

② 主体结构工程——主要有：装配式工业厂房（包括构件预制、安装）、砖混结构房屋（包括砌筑砖墙和安装预制板）、现浇钢筋混凝土框架（包括模板、钢筋、混凝土、养护、拆模、部分预制构件安装）。

③ 围护及装饰工程——砌围护墙、屋面防水、内外装饰、地坪、门窗、油玻等。

（2）单位工程预制构件在场内预制和场外供应的安排，混凝土的拌制和商品混凝土用量，劳务和设备的供应。

（3）确定结构安装、设备安装、高级装饰、特殊施工项目的协作单位。

（4）各主要施工阶段的工期搭接和工期控制的总工期。

2. 单位工程施工程序

施工程序是指单位工程中各分部工程或施工阶段的先后次序及其制约关系。工程施工受到自然条件和物质条件的制约，不同施工阶段的不同工作内容有其固有的、不可违背的先后次序和组织要求，需循序渐进地向前开展，它们之间有着不可分割的联系，既不能相互代替，也不允许颠倒或跨越。

1）施工准备工作（分内业和外业）

（1）内业准备工作，包括熟悉图纸、图纸会审、编制施工组织设计、施工预算、技术交底、落实设备和劳动力计划、签订协作单位、职工岗前教育等。

（2）现场准备工作，包括拆迁清障、管线迁移、平整场地以及设置施工用临时建筑、附属加工设施，铺设临时水电管网，完成临时道路、机械和必要的材料进场等。

2）遵守“先地下后地上”“先土建后设备”“先主体后围护”“先结构后装饰”的原则

“先地下后地上”，指的是在地上工程开始之前，尽量把管线、线路等地下设施和土方及基标工程做好或基本完成，以免对地上部分施工有干扰，带来不便，造成浪费，影响质量。

“先土建后设备”，就是说不论是工业建筑还是民用建筑，设备工程往往要固定在土建工程上，土建与水、暖、电、卫设备的关系都需要摆正，尤其在装修阶段，要从保质量、讲成本的角度处理好两者的关系。

“先主体后围护”，主要是指框架结构，应注意在总的程序上有合理的搭接。一般来说，多层建筑，主体结构与围护结构以少搭接为宜，而高层建筑则应尽量搭接施工，以便有效地节约时间。

“先结构后装饰”，是指一般情况而言，有时为了压缩工期，也可以部分搭接施工。但是，由于影响施工的因素很多，故施工程序并不是一成不变的，特别是随着建筑工业化的不断发展，有些施工程序也将发生变化，例如，大板结构房屋中的大板施工，已由工地生产逐渐转向工厂生产，这时结构与装饰可在工厂内同时完成。

3）合理安排土建施工与设备安装的施工程序

随着建筑工业化和新技术的发展，某些特殊的工程施工程序会有所改变。工业厂房的施工很复杂，除了要完成一般土建工程外，还要同时完成工艺设备和工业管道等安装工程。为了使工厂早日投产，不仅要加快土建工程施工速度，为设备安装提供工作面，而且应该根据设备性质、安装方法、厂房用途等因素，合理安排土建工程与工艺设备安装工程之间的施工程序。一般有三种施工程序：

（1）开敞式施工，是指设备基础和厂房基础同时开挖，再安装工艺设备，最后建造厂房的施工方式。它适用于冶金、电站、石化等工业的某些重型工业厂房。开敞式施工能避免地下部分工程的重复性工作，可以避免设备基础施工对厂房基础和结构的影响，能为设备安装、调试提供时间，节约工期。但是可能对厂房构件现场预制的场地提供不足，设备安装调试在露天进行，受气候影响大，会增加费用。

（2）封闭式施工，是指土建主体结构完成之后（或装饰工程完成之后），再进行设备安装的施工方式。它适用于一般机械工业厂房（如精密仪器厂房）。封闭式施工的优点：由于工作面大，有利于预制构件现场就地预制、拼装和安装就位的布置，适合选择各种类型的起重机和便于布置开行路线，从而加快主体结构的施工速度；围护结构能及早完工，设备基础能在室内施工，不受气候影响，可以减少设备基础施工时的防雨、防寒设施费用；可利用厂房内的桥式吊车为设备基础施工服务。其缺点是：出现某些重复性工作，如部分柱基回填土的重复挖填和运输道路的重新铺设等；设备基础施工条件较差，场地拥挤，其基坑不宜采用机械挖土；当厂房土质不佳，而设备基础与柱基础又连成一片时，在设备基础基坑挖土过程中，易造成地基不稳定，须增加加固措施费用；不能提前为设备安装提供工作面，因此工期较长。当设备基础不大时，一般采用封闭式施工。

（3）设备安装与土建施工同时进行，这样土建施工可以为设备安装创造必要的条件，同时又可采取防止设备被砂浆、垃圾等污染的保护措施，从而加快了工程的进度。例如，在建造水泥厂时，经济效益最好的施工程序便是两者同时进行。

工业化建筑中的全装配民用建筑施工，外墙的外装饰可在预制厂事先完成，到现场吊装即可。此外，滑模施工的主体和结构可一起施工，说明施工程序应根据工程施工的实际条件和采用的施工方法来确定，没有固定不变的程序。

3. 单位工程施工流程

施工流程是指单位工程在平面或空间上施工的开始部位和展开方向，着重强调单位工程。粗线条的施工流程，决定着整个单位工程施工的方法和步骤。

确定单位工程施工流程，一般应考虑以下因素：

（1）施工方法是确定施工流程的关键因素。如一幢建筑物要用逆作法施工地下两层结构，它的施工流程可作如下表达：测量定位放线→地下连续墙→钻孔灌注桩→地面标高结构层→地下两层结构、地上一层结构同时施工→底板、各层柱，完成地下室施工→上部结构。

若采用顺作法施工地下两层结构，其施工流程为：测量定位放线→底板→换拆第二道支撑→地下两层→换拆第一道支撑→地面顶板→上部结构（先主楼后裙房，以保证工期）。

（2）生产车间的生产工艺流程也是确定施工工艺流程的主要因素。因此，从生产工艺上考虑，影响其他工程试车投产的工段应该先施工。例如，B 车间生产的产品需受 A 车间生产的产品影响，A 车间又划分为三个施工段（Ⅰ、Ⅱ、Ⅲ），且Ⅱ、Ⅲ施工段的生产要受Ⅰ段的约束，故其施工应从 A 车间的Ⅰ段开始，A 车间施工完后，再进行 B 车间施工。

（3）建设单位对生产和使用的需要。一般应考虑建设单位对生产或使用要求急的工段或部位先施工。

（4）单位工程各部分的繁简程度。一般对技术复杂、施工进度较慢、工期较长的工段或部位应先施工。例如，高层现浇钢筋混凝土结构房屋，先主楼施工，后裙房部分施工（当然也有考虑地基沉降的因素）。

（5）当有高低层或高低跨并列时，应从高低层或高低跨并列处开始。例如，在高低跨并列的单层工业厂房结构安装中，应先从高低跨并列处开始吊装；又如在高低层并列的多层建筑物中，层数多的区段常先施工。

（6）工程现场条件和施工方案。施工场地大小、道路布置和施工方案所采用的施工方法和机械都影响着施工流程。例如，土方工程施工中，随开挖随外运，则施工起点应确定在远离道路的部位，由远及近地展开施工。又如，根据工程条件，挖土机械可选用正铲、反铲、拉铲等，吊装机械可选用履带吊、汽车吊或塔吊，这些机械的开行路线或布置位置便决定了基础挖土及结构吊装的施工流程。

（7）施工组织的分层分段。划分施工层、施工段的部位，如伸缩缝、沉降缝、施工缝等也决定着施工流程。

（8）分部工程或施工阶段的特点及其相互关系。如基础工程由施工机械和方法决定其平面的施工流程；主体结构工程从平面上看，从哪一边先开始都可以，但竖向一般应自下而上施工；装饰工程竖向的流程比较复杂，室外装饰一般采用自上而下的流程，室内装饰则有自上而下、自下而上及自中而下再自上而中三种流向。密切相关的分部工程或施工阶段，前面施工过程的流程确定后续施工过程，如单层工业厂房的土方工程的流程决定了柱基础施工过程和某些构件预制、吊装施工过程的流程。

室内装饰工程流程有以下几种：

① 室内装饰工程自上而下的流水施工方案是指主体结构工程封顶，做好屋面防水层以后，从顶层开始，分层水平向下或按单元垂直向下。其优点是主体结构完成后有一定的沉降时间，能保证装饰工程的质量；做好屋面防水层后，可防止在雨季施工时因雨水渗漏而影响装饰工程质量。此外，自上而下的流水施工，各施工过程之间交叉作业少、影响小，便于组织施工，有利于施工安全和成品保护，从上而下清理垃圾方便。其缺点是不能与主体施工搭接，因而工期较长。

② 室内装饰工程自下而上的流水施工方案是指主体结构工程给室内装饰提供出工作面后，室内装饰从第一层插入，分层向上进行。这种方案的优点是可以和主体砌筑工程进行交叉施工，故可以缩短工期。其缺点是各施工过程之间交叉多，需要很好地组织和安排，并采取安全技术和成品保护措施。由于主体结构验收的原因，此方案受限制。

③ 室内装饰工程自中而下再自上而中的流水施工方案，综合了前两者的优缺点，一般适用于高层建筑的室内装饰工程施工。其主体结构要分阶段验收。

4. 各分项工程施工顺序

施工顺序是指分项工程和施工过程之间的先后次序。它体现了施工组织的规律，也有利于解决工作之间在时间上的搭接和空间上的利用。合理安排施工顺序是编制施工进度计划首先应考虑的问题。确定施工顺序时应有以下考虑：

（1）遵循施工程序。施工程序确定了施工阶段或分部工程之间的先后次序，确定施工顺序时必须遵循施工程序。

（2）必须符合施工工艺的要求。这种要求反映出施工工艺上存在的客观规律和相互间的制约关系，一般是不可违背的，如支模板必须在浇筑混凝土之前。

（3）与施工方法协调一致。如单层工业厂房结构吊装工程的施工顺序，当采用分件吊装法时，则施工顺序为“吊柱→吊梁→吊屋盖系统”；当采用综合吊装法时，则施工顺序为“第一节间吊柱、梁和屋盖系统→第二节间吊柱、梁和屋盖系统→……→最后节间吊柱、梁和屋盖系统”。

（4）按照施工组织的要求。如安排室内外装饰工程施工顺序时，可按施工组织规定的先后顺序。

（5）考虑施工安全和质量。如为了保证质量，楼梯抹面在全部墙面、地面和天棚抹灰完成之后，自上而下一次完成。

（6）当地的气候条件影响。如冬期室内装饰施工时，应先安门窗扇和玻璃，后做其他装饰工程。

多层砖混结构居住房屋、多层全现浇钢筋混凝土框架结构房屋和装配式钢筋混凝土单层工业厂房是应用最多的结构形式，对其施工顺序应作详细叙述。

5. 多层混合结构居住房屋的施工顺序

多层混合结构居住房屋是当前面广量大的建筑工程，其中尤其是住宅房屋比重最大。这种房屋的施工，一般可划分为基础工程、主体结构工程、屋面及装饰工程三个施工阶段。图 4.2 所示为多层混合结构居住房屋施工顺序示意图。

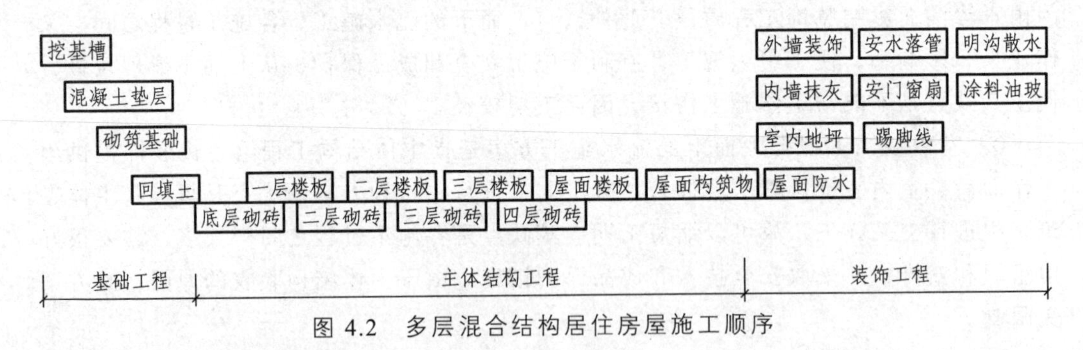

图 4.2 多层混合结构居住房屋施工顺序

1）基础工程阶段的施工顺序

基础工程阶段是指室内地坪（±0.000）以下的工程，一般有基槽挖土、垫层、钢筋混凝土基础或砖基础、防潮层、回填土等施工过程。施工顺序比较容易确定，一般是：挖基槽→浇筑混凝土垫层→砌筑基础和做防潮层→回填土。这一阶段施工的特点是工期要抓紧，挖基槽和浇筑垫层混凝土在施工安排上要紧凑，时间不能隔得过长。可以采取分段流水施工，施工段划分尽量与主体工程一致，以防下雨后基槽坑内灌水，影响土的承载能力，造成质量事故或人工材料的浪费。由于回填土对后续工程牵制不大，可视施工条件灵活安排：原则上是在基础工程完工之后一次分层夯填完毕，可以为主体结构工程阶段施工创造良好的工作条件，例如对搭外脚手架及底层砌墙便创造了比较平整的工作地点。特别是在基础比较深、回填土量较大的情况下，回填土最好在砌墙以前填完；在工期紧迫的情况下，也可以与砌墙平行施工。防潮层等零星工程可以合并在砖基础中，不必单列项目。

2）主体结构工程阶段的施工顺序

主体结构工程是主导施工过程，应作为工作重点来考虑。主体结构工程阶段的工作，包括搭脚手架、砌墙、安装门窗框、吊装预制门窗过梁、吊装楼板和楼梯、浇筑钢筋混凝土圈梁、雨篷及吊装屋面板等。主体结构工程可以归并为砌墙和吊装楼板两个主要工序，它们在各层楼之间先后交替施工。砌墙施工过程包括搭脚手架、运砖、安门窗、构造柱钢筋、部分现浇构件等工作内容；安装楼板包括安装楼梯和其他预制构件。在组织混合结构单个建筑物的主体结构工程施工时，尽量设法使砌墙连续施工。通常采用的办法是将一个工程分为两个或几个施工段，组织流水施工，当某一段砌墙完毕后，接着吊装楼板，与此同时，另一段又正在砌墙，各层各段主体结构施工逐步上升。

在主体结构工程阶段，应当重视楼梯间、厨房、厕所、盥洗室的施工。各层预制楼梯段的吊装应该在砌墙、吊装楼板的同时或相继完成，特别是当采用现浇钢筋混凝土楼梯时，更应与楼层施工紧密配合，否则由于混凝土养护时间的需要，使后续工程不能如期投入，会因此拖长工期。

3）装饰工程阶段的施工顺序

在民用房屋的施工中，装饰工程的施工过程繁多，耗用的劳动量大，所占的工期也较长（约为总工期的30%~40%）。因此，妥善地安排装饰工程阶段的施工顺序，在保证安全与质量的情况下，组织立体交叉平行流水施工，对加快工程进度有重大意义。

装饰工程中抹灰是主要施工过程，工程量大、用工多、占的工期长。抹灰工程包括内外墙抹灰与装饰、室内地面抹平、粉窗台、墙裙、散水等工序。装饰工程阶段施工顺序的安排，主要就是解决好抹灰工程在上述装饰工程项目中的施工顺序。

装饰工程通常是在主体结构完成以后进行，前面已经讲到了装饰工程的流向。至于同一楼层中的楼、地面和墙面、天棚的抹灰，则可以先做楼面面层后再做墙面、天棚抹灰，这样有利于收集落地灰以节约材料，有利于楼面面层与预制楼板的黏结，但需要楼面的养护和成品保护；也可以先做墙面天棚抹灰后再做楼面面层，不过须将地面结构层上的落地灰和渣子扫清洗净，保证楼、地面面层质量。走道的装饰一般在各房间完成以后施工。

室内外装饰工程的施工顺序，在操作工艺上不相互影响，与施工条件和天气变化有关。通常是先做室外后做室内。天晴时抢做外粉刷，雨期或冬期时做内粉刷；或者内外粉刷同时施工。当采用单排脚手架砌墙时，由于留有脚手眼需要填补，至少在同一层应做完外粉刷后再做内粉刷。

楼梯间抹灰和踏步抹面，因为它是施工时期的主要通道，容易受到损坏，通常在整个抹灰工作完工以后，再自上而下进行。门窗扇的安装通常是在抹灰后进行的，油漆和玻璃安装的次序，则可根据具体情况决定先后。但一般最好是先油漆，后安玻璃，以免油漆施工时弄脏玻璃。

屋面防水工程与装饰工程可平行施工，一般不影响总工期。但应在顶层装饰施工前完成，以免渗漏损坏室内装饰。

土建施工和水电安装通常也是采取预留管线和孔道的办法，进行交叉施工。基础和楼层施工时要预留上下水管的孔洞；墙体施工时要预留电线孔槽，而室内的水电器具安装最好与楼地面和墙面抹灰穿插施工，这样有利于工程早日竣工，对工程质量也有保证。如实际安排有困难时，水电安装应配合砌墙和安装楼板，预埋管线及预留孔，尽量避免在楼板和墙身上凿洞。

装饰工程阶段施工过程之间应紧紧相扣，其工序穿插多、人员多，组织施工时要制定相应的质量要求和安全措施。在立体交叉施工时，各工种的人数较多，因此要特别注意安全。

6. 装配式钢筋混凝土单层厂房的施工顺序

通常分 4 个施工阶段，即基础工程、预制工程、结构吊装工程及其他工程（包括砌墙、屋面防水、地坪、装饰等）。图 4.3 所示为装配式钢筋混凝土单层厂房施工顺序示意图。

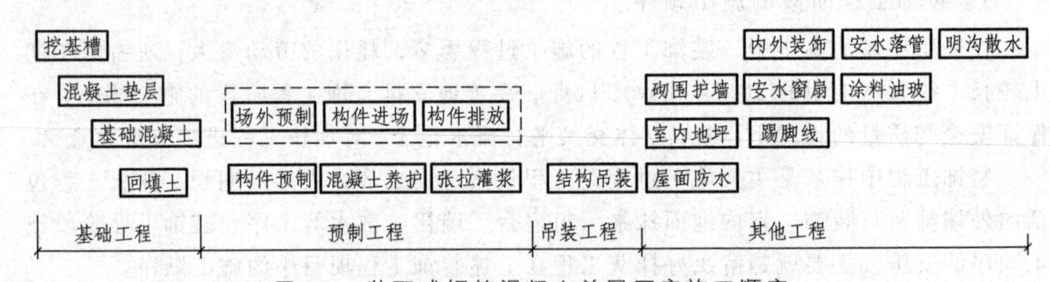

图 4.3 装配式钢筋混凝土单层厂房施工顺序

单层工业厂房施工的一般程序是：先地下、后地上，先主体、后围护，先结构、后装饰，先土建、后设备。

1）基础工程施工阶段

单层工业厂房一般都有设备基础，某些甚至有大型设备基础。施工时可采用主体结构先施工（称封闭式）或设备基础先施工（称开敞式）两种施工程序。前面已阐述了两种程序的利弊。桩基施工从基坑开挖到柱基回填土应分段进行流水施工，与现场预制工程、结构吊装工程的分段相结合。单层工业厂房的基础一般为钢筋混凝土杯形基础，沿厂房纵向布置，当基础较深、体积较大时，可以使用机械整条轴线贯通开挖，即使增加一些土方量，但可能更经济有效。

2）预制工程施工阶段

预制构件的预制场地，应根据具体条件作技术经济分析比较。它涉及运输工具、交通道路、运费、加工厂的生产能力和技术条件。一般来说，柱、屋架等大型构件运输不便，通常在现场制作；中小型构件运输较方便，可在预制场预制，当预制厂离工地较远，或者运输道路及工具不能及时解决时，也可以在工地附近开辟露天预制场。所有这些均应在作细致的调查与分析后确定。

构件预制顺序，原则上是先安装先预制。但是屋架虽迟于柱子安装，但需要张拉、灌浆等工作，还需要两次养护，往往提前预制。对于大型工业厂房的构件预制，应分批、分段施工，构件预制顺序、安装顺序应与机械开行路线紧密配合。为加速现场预制构件的制作，对双肢柱及屋架的腹杆可以事先预制后在现场拼装入模板内。原则上对预应力混凝土构件的现场制作，在安排施工进度时应考虑预应力筋张拉、灌浆及养护时间。布置构件时要考虑预应力张拉、抽管的技术间距和安全措施。

预制构件养护时间应根据当时气温而定。装配式钢筋混凝土构件在安装时，混凝土的强度要求应不低于设计对吊装所要求的强度，并不低于设计强度等级的 70%。若工期要求紧迫，可采取加速硬化的措施，在必要时还可以提高混凝土强度等级来提早吊装时间，可是采用这种方法需增加水泥用量，应尽量少用。对装配式钢筋混凝土柱脚与杯形基础灌浆，吊车梁与柱牛腿之间的灌浆，混凝土宜采取促硬、早强等措施。

3）吊装工程施工阶段

单层厂房结构安装是整个厂房结构施工的主导工程，施工过程应配合安装顺序。一般安装顺序是：柱子安装校正→连系梁→吊车梁→屋盖系统。吊装机械的运输及装卸费用耗用工时、人力较多，厂房面积较大时，可采用两台或多台起重机安装，柱子吊车梁与屋盖系统分别流水作业；一般面积为 4 000 ~ 5 000 m^2 的中型单层厂房，在工期并非紧迫的情况下通常用一台起重机吊装比较合理。如果吊装工程是由机械施工公司承担，则另外单独编制吊装工程施工组织设计，内容有吊装进度、构件平面布置图、机械开行路线、吊装工艺、吊装构件一览表以及机械、工具、材料需用计划等。

单层工业厂房吊装顺序通常采用大流水吊装全部柱子、校正及灌浆后吊装基础梁、连系梁、吊车架。其优点是，起重机在同一时间安装同一构件，包括就位、绑扎、临时固定、校正等工序，使用同一种索具，劳动组织不变，可提高效率；缺点是起重机开行路线较长。最后用综合法安装屋盖系统，可以减少起重机开行路线，但索具和劳动组织有周期性变化，影响生产率。当然也可以单纯采用分件吊装和综合吊装，视施工条件和安装队伍的经验而定。

4）其他工程施工阶段

其他工程如砌砖、屋面防水、地坪、装饰工程等可以组织平行作业，尽量利用工作面安排施工。一般当屋盖安装后应尽量先进行屋面灌浆嵌缝；随即进行地坪施工，与此同时进行砌墙，砌墙结束后跟着内外装饰。

屋面防水工程一般在屋面板安装后即进行灌浆及抹水泥砂浆找平层，通常应在找平层干燥后才能开始铺油毛毡。在铺油毛毡之前应将天窗扇和玻璃安装好并油漆完毕。避免在刚铺好的油毡屋面上行走和堆放材料、工具等物，以防损坏油毡。

门窗油漆可以在内墙刷白以后进行，油漆工程也可与设备安装同时进行。

地坪应在地下管道、电缆完成后进行，以免凿开嵌补。

7. 多层全现浇钢筋混凝土框架结构的施工顺序

钢筋混凝土框架结构适用于多层民用建筑及工业厂房，也常用于高层建筑。一般分为 4 个施工阶段：基础工程、主体结构工程、围护工程和装饰工程。图 4.4 所示是多层钢筋混凝土框架结构的施工顺序示意图。现对其主体和围护工程做一介绍，其余阶段与多层混合结构类似。

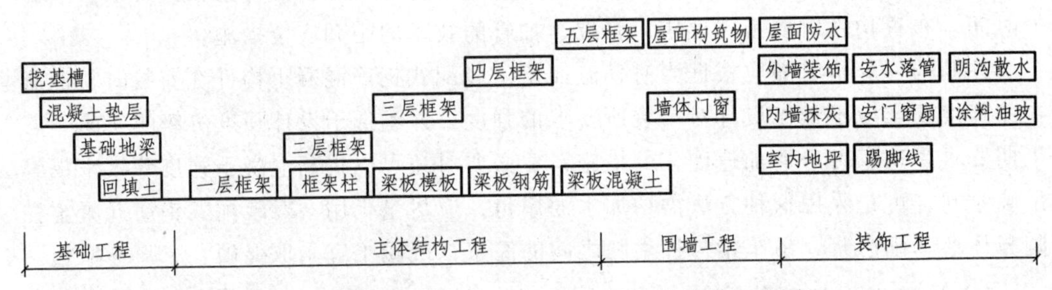

图 4.4　多层全现浇钢筋混凝土框架结构施工顺序

1）主体结构工程的施工顺序

多层全现浇钢筋混凝土框架结构的施工顺序为：绑扎柱钢筋→支柱模板及梁板支撑系统→浇筑柱混凝土→梁板模板→梁板钢筋→梁板混凝土→养护。现浇混凝土结构的模板、钢筋、混凝土三个施工过程工程量大，耗用劳动力和材料多，对工程质量起决定性作用，一般分层分段组织流水施工。

2）围护工程施工顺序

围护工程包括墙体工程、门窗安装和屋面工程。其中的重点是墙体工程，根据工期的情况分两种：一是在所有框架完成后连续砌筑；二是各层模板拆除后即可砌筑，随框架上升。前者施工过程单纯，减少了工作的穿插和立体交叉，有利于保证安全，有充足的时间让墙体沉实，保证装饰的质量，但工期较长。后者能节约工期，但主体施工阶段施工人员多，资源强度大，工作之间立体交叉频繁，需要特别注意安全措施。

以上是对几种常见工程结构的施工阶段进行的初步分析，从中可以了解一般规律。施工人员要根据不同的施工对象和具体条件，因事因地因时制宜，合理地安排施工顺序。

4.3.2　拟订施工方法、选择施工机械

选择施工方法和施工机械是施工方案中的关键问题，它直接影响施工进度、质量、

安全及工程成本。施工方法和施工方案的选择是紧密联系的，在技术上是解决主要施工过程的施工工艺和手段的问题。在编制施工组织设计时要根据建筑结构特点、抗震要求、工程量大小、工期长短、资源供应情况、施工现场及周围环境等因素制订可行方案，并经技术经济比较确定出最优方案。从施工组织的角度应注意到：① 施工方法的技术先进性和经济合理性的统一；② 施工机械的适用性和多用性的兼顾，尽可能发挥机械的利用程度和效率；③ 结合施工单位的技术特点和施工习惯以及现有机械设备。

1. 施工方法的选择

主要项目施工方法是施工方案的核心，是针对本工程的主要分部分项工程而言的。它是为进行该项分部分项工程在具体施工条件下拟订的战术措施，其内容要求简明扼要，编制时要根据工程特点找出主要项目，应有针对性，突出重点。凡新技术、新工艺和对本工程质量起关键作用的项目，以及工人在操作上还不够熟练的项目，应详细而具体，有时甚至必须单独编制作业设计。在拟订施工方法时不仅要拟订进行这一项目的操作过程和方法，而且要提出质量要求，以及达到这些质量要求的技术措施，并要预见可能发生的问题和提出预防措施，同时提出必要的安全措施。凡按常规做法和工人熟练的项目，不必详细拟订，只要提出这些项目在本工程上一些特殊的要求即可。

例如，在单层工业厂房中，重点应拟订土方工程及基础、构件预制及结构吊装工程等施工方法和技术措施。如有大型设备基础时，有时还需编制大型设备基础的作业设计。而对砌墙及一般装饰工程等只需提出有特殊要求的几条，如解决垂直运输的设备和方法等。在混合结构民用房屋中，重点应拟订基槽开挖、排除地下水措施、垂直及水平运输机械及起重机的选择等。

选择施工方法时要遵循以下原则：

（1）方法可行，具备条件，能满足施工工艺要求。

（2）符合国家颁发的施工验收规范和质量检验评定标准。

（3）尽量选择经过试验鉴定的科学、先进、节约的方法，尽可能进行技术经济分析。

（4）要与选择的施工机械和相应的组织方法协调。

在施工方法中，除拟订保证质量的技术措施外，还应提出节约材料的措施和安全施工措施，确保多快好省又安全地完成生产任务。现将有关分部分项工程的主要施工方法分别介绍如下：

1）基础工程

钢筋混凝土基础工程包括挖土、垫层、支模、扎筋、浇筑混凝土、养护、拆模及回填土等工序。挖土是基础工程中的主要工序之一，有机械挖土和人工挖土两种。当采用机械施工时，首先是选用挖土机的型号和确定其台数。机械开挖时也需配合人工修边槽。挖土时需将回填土用的土方，尽可能堆置在场内基坑附近，以减少往返搬运，但不应妨碍基础施工时的放线及混凝土与其他材料运输。在基础挖土中基底标高低的先挖。冬期严寒时挖土应日夜连续进行，以免间断时受冻。在不可能采用昼夜连续施工时，必须将未挖部分加以覆盖。在冬期及雨期施工时，当挖土完后如果不能立即支模及浇筑垫层时，面层必须留 200 mm 土暂时不挖，在支模或浇筑垫层前再用人工挖去。冬、雨期挖土的进度，还须与浇筑基础混凝土的进度密切配合，以免开挖后槽底长期暴露使地基受水浸入或受冻，破坏地基承载力。

基础工程中的挖土、垫层、支模、扎筋、浇筑混凝土、养护、拆模、回填土等工序应采用流水作业法连续施工，以浇筑混凝土为主导工序来划分施工段。每段工程量尽可能相近，使得劳动力均匀。但是，当普工不能相应地平衡时，则可将挖土工序另列，以组织专业工人进行挖土，原则上是要满足每班浇筑混凝土需要的基坑数，以使劳动力既能平衡又能机动配合。若遇有深坑，可提前开挖，以保证后续工程能依次顺利进行。基础浇筑混凝土时最好不留施工缝。

土方开挖时地下水的排除应予以重视，对一般有地下水的浅基础往往在基槽（坑）过深处挖集水坑，用抽水机排水。对较深的设备基础，且地下水流量较大时，施工常采用井点排水。特别是遇到流砂层时，更应提出切实可行的具体措施。

2）钢筋混凝土工程

钢筋混凝土工程有钢筋、模板、混凝土三个主要施工过程。

模板的类型和支模方法是根据不同的结构类型、现场条件确定的。模板的类型有：工具式钢模板、木模板、竹模板、纤维模板等。支撑方法有钢、木立柱支撑，桁架，钢制托具等。模板工程的重点是确定类型，重要的、复杂的要单独做模板搭设方案，根据工程量、工期及模板类型确定周转时间和周转量。

混凝土工程是整个钢筋混凝土工程中的重点，劳动量、劳动强度大，对工程的质量有重要影响，应尽量提高机械化程度，以提高劳动生产率。混凝土工程主要有计量、拌制、运输、浇筑、振捣、养护等施工过程。混凝土的计量准确性直接影响混凝土质量。拌制和运输的重点是选择方案，一般有集中、分散或二者相结合，取决于工程量、工期和运距。现在有混凝土运输车运商品混凝土、现场集中搅拌泵送或运输车运输、现场分散搅拌吊车运输等方式。商品混凝土的质量稳定可靠，但运输费和成本较高；集中搅拌能有效控制混凝土的质量，可以及时调整配合比，但由于生产的不均衡性使机械不能充分发挥效率；现场分散搅拌比较灵活，机械成本也低，但不利于控制配合比和质量。

钢筋工程有调直、切断、弯曲、成型、焊接、绑扎、安装等施工过程。要注意选择加工方式，如集中在加工厂加工或现场设立加工场地，二者各有利弊，施工单位要根据自己的条件和工程特点灵活选择。

3）预制工程

一般单层工业厂房施工中的一些重大构件，如屋架、柱等通常在现场就地预制，而其他小型构件则在构件厂制作后运到工地。

构件现场预制的平面布置与厂房平面、构件数量、吊装路线及选用起重机的类型有密切关系，应按照吊装工程的布置原则进行。

屋架的布置一般分平捣与立捣二种，平捣的优点是支模及浇筑混凝土方便，并可数榀叠浇，可是占地面积大，构件在安装前必须扶直和就位。若数榀叠浇时预制工期较长，则可以立捣；立捣对屋架的安装有利，如布置适宜就无须重新就位，可是模板及劳动力消耗增加，并且混凝土浇筑与振捣不便，容易出质量事故。目前多数工地采用平捣，一般3～4榀叠浇，最多也有6榀叠浇。在预应力混凝土屋架布置时，应考虑到拔出预留孔钢管及穿预应力筋所需的位置。

构件布置是预制工程的重要工作,布置时土建单位应会同吊装单位共同研究确定。

4）吊装工程

构件吊装方法通常有分件吊装及综合吊装两种。分件吊装的特点是构件校正工作容易进行，现场构件的布置可以分批进行，柱吊完后再进行屋架、吊车梁的就位，现场不致过分拥挤；同时构件供应单一，准备工作时间较短，吊装速度较快，并且能够充分发挥起重机的能力。

综合吊装法的实质是选用一台合适的起重机，在每一节间里将所有的构件逐步吊装到设计位置并立即校正和固定。综合吊装法的优点是能够及时打开工作面，在一定程度上为后续工程创造了有利条件。其缺点是：不能充分利用起重机的能力；构件校正工作较困难；构件供应和布置工作也比较复杂。桅杆式起重机由于转移不灵活，因此一般采用综合吊装法。

通常采用综合上述两种方法的混合方法，即对柱、吊车梁、连系梁及基础梁采用分件吊装，屋盖采用综合吊装。

吊装机械的选择是一个十分重要的问题。选择吊装机械的根据是：建筑物外形尺寸，所吊装构件外形尺寸、位置及重量；工程量与规定的施工工期；现场条件、吊装工地拥挤的程度与吊装机械通向建筑工地的可能性；工地可能获得吊装机械的类型。按照以上条件与吊装机械的参数和技术特性加以比较，选出最适当的机械并作技术经济分析。

混合结构民用房屋中，砌墙工程的材料和预制楼板等构件的垂直运输，可采用轻型塔式起重机作为垂直运输和吊装楼板的机械，亦可采用带起重臂的井架作为垂直运输和吊装用机械。

塔式起重机运输和吊装效率高，并可节约辅助工，但台班费及一次费用（运输、铺轨、装拆等费用）较高，故在工程量较大或多幢房屋同时施工时较为合适。采用带起重臂的井架作垂直运输时，在地面上还需配备水平运输的工具。为了减少水平运输量，可将砖与预制构件尽量堆放在井架旁。当采用带起重臂的井架时，预制构件吊至吊装层后一般用杠杆小车运送和就位，或者采用台灵架吊装，这时，在吊装层需配备运输构件的小车。

5）砌砖工程

砌砖工程是混合结构民用房屋施工的重要工序之一。施工时如采用内脚手，随着工程进展，内脚手可用起重机或人工转移。为了安全施工，在使用内脚手时，应在房屋外墙四周搭设安全网。用手推车在走道板上运砖时，注意走道板能否承载施工荷载，否则应采取措施。砌砖与吊装楼板可采用流水作业施工，砌墙将每一楼层划分 2～3 个砌筑层。采用外脚手时应考虑砌砖与搭架的配合。

对砖砌外墙及混凝土内墙的房屋，施工沿房屋横向划分流水段时，每个流水段均应先吊装内墙板（或浇筑内墙）后再砌外墙，以保证节点的可靠连接。纵墙应断在窗口处，在窗台下留 90 cm 高的踏步槎，山墙和纵墙必须同时砌筑。

单层工业厂房砌墙用外脚手，最好采用工具式钢管外脚手。砖及砂浆的垂直运输用井架。当结构吊装完毕后即可进行砌墙，在安排顺序时考虑到可能有些永久性设备比门孔尺寸大。就要在设备进入后再封山墙。在封山墙前应会同机械施工公司调查车间内是否所有构件全部吊完，起重机是否再需进入车间。

2. 施工机械的选择

选择施工方法必须涉及施工机械的选择，机械化施工是建筑工业化的基础。施工机械选择是施工方法的中心环节，施工机械的选择应遵循切实需要、实行可能、经济合理的原则。选择时要充分考虑技术、经济两方面的条件，进行技术经济比较后选择最优机械。技术条件包括技术性能，工作效率，工作质量，能源耗费，劳动力节约，使用的安全性、灵活性、通用性、专用性，维修的难易程度，耐用程度等；经济条件包括原始价值、使用寿命、使用费用、维修费用、租赁费用等。选择施工机械时应着重考虑以下几方面：

（1）首先根据工程特点选择适宜主导工程的施工机械。如单层工业厂房结构安装用的起重机，工程量大且集中时可选用生产效率较高的塔式起重机，工程量小或者是分散时，采用自行式起重机。起重机的型号应符合工作半径、起重量、起重高度的要求。

（2）各种辅助机械和运输工具应与主导机械的生产能力协调配套，以保证主导机械效率的发挥。如运土车的载重量应为挖土机斗容量的倍数，汽车数量应当保证挖土机能够连续施工。

（3）在同一工地上应力求建筑机械的种类和型号尽量少，以利于机械设备管理。工程量大且分散时，应采用多用途施工机械。

（4）施工机械的选择还应考虑充分发挥现有机械的能力。当本单位的机械能力不能满足要求时才购置和租赁新型机械或多用途机械。

4.4　施工进度计划、准备工作及资源计划

单位工程进度计划是根据确定的施工方案和施工顺序编制的，要符合实际施工条件，在规定的工期内，要有节奏、有计划、高质量、低消耗地完成。单位工程进度计划的主要作用是控制单位工程的施工进度，是其他职能部门的工作依据，为其提供编制季、月计划平衡劳动力的基础，也是其他各职能部门调配材料、构件、机具进场的基础。

切合实际、正确反映施工客观规律、合理安排施工顺序的进度计划是组织施工的核心。编制人员要遵照和贯彻组织施工的基本原则，吸取过去的经验，有预见性和创造性，同时听取基层施工队伍的意见，才能编制出有指导作用的施工进度计划。

但是施工生产中可变影响因素多，组织实施时要根据客观变化进行调整。一方面，编制时要留有调整余地；另一方面，要在实施中积极调整，占主动地位。施工计划的改变调整是正常现象，是为了使进度计划能处于最佳状态，是实事求是的做法。不能因进度计划需要调整而不精心编制，或者执行时随心所欲。

编制单位工程施工进度计划的步骤是：确定工程项目及计算工程量；确定劳动量和建筑机械台班数；确定各分部分项工程的工作日；确定各分部分项工程的施工顺序、相互搭接关系、安排施工进度。图 4.5 所示是施工进度计划编制程序。

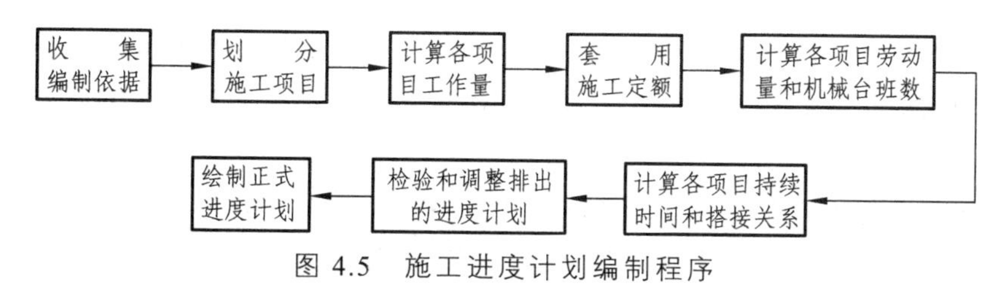

图 4.5　施工进度计划编制程序

4.4.1　进度计划的组成和编制依据

施工进度计划是用表格形式表示的，由两大部分组成：左面部分是以分部分项工程为主的表格，包括了相应分部分项工程的工程量、定额和劳动量等计算数据；右面部分是以表格左面计划数据设计出来的指示图表，它用线条形象地表现了各个分部分项工程的施工进度、各个工程阶段的工期和总工期，并且综合地反映了各个分部分项工程相互之间的关系。进度计划表的形式如表 4.1 所示，除这种横道图的形式外，也可以用水平进度表、网络图的形式表示。

表 4.1　施工进度计划表

项次	分部分项工程名称	工程量		定额	劳动量		机械		工作班数	每班人数	工作日	进度日程					
		单位	数量		工种	数量	名称	台班				月			月		
												10	20	30	10	20	30

编制单位工程施工进度计划必须具备下列资料：

（1）建筑物的全部施工图、建筑总图及图纸会审纪要。施工人员在编制施工进度计划前必须熟悉建筑结构的特征、基本数据（如平面尺寸、层高、单个预制构件重量等），对所建的工程有全面的了解。

（2）规定的开、竣工期限。如果本单位工程是建设项目或建筑群体的组成部分，还要看相应的施工组织总设计对本工程的要求和限制。

（3）施工预算。为减少工程量计算工作，可直接应用施工预算中所提供的工程量数据。但是有的项目需要变更、调整、补充、合并、组合，有些应按所划分的施工段、自然层来计算工程量。

（4）预算定额。包括劳动定额、综合预算定额、单位估价表、施工定额。它是计算完成各工序产品所需要的劳动量的依据，分为时间定额和产量定额两种。

全国各省市大都制定有统一的定额手册供施工单位使用。编制单位工程施工进度计划应该根据本单位的实际情况，采用本单位的定额，这可使施工进度计划更符合实际。

（5）主要分部工程的施工方案。包括主要施工机械和设备的选择和进出场时间及要求。不同的施工方案直接影响施工程序和进度，特别是采用新的施工技术，必须周密考虑。

（6）施工单位计划配备在该工程上的工人数及机械设备数量。同时了解有关结构吊装、设备水电安装等协作单位的意见和工序搭接要求。

4.4.2　确定工程项目及工程量计算

拟订工程项目是编制进度计划的首要工作。一个建筑物的分部分项工程项目很多，在确定工程项目时要详细考虑，根据工程特点按工程施工顺序逐项列出。单位工程进度计划是按照分部分项工程来列项目的。但是并不完全照搬分项工程的划分：为了减少项目，有些劳动量小、持续时间短的分项工程可以合并，例如基础工程中防潮层施工就可以合并到基础项目内，砖混结构立构造柱钢筋、预制过梁可以合并到砌砖项目内；而对于工期长、劳动量大、施工过程复杂的项目还可以在分项工程内再划分成施工过程，既简化进度计划的内容又突出重点。此外，准备工作与水电卫生设备安装也应列入进度内，表明与土建的配合关系，对于零星、次要的项目可以归并为其他工程，适当估算劳动力。有些项目的操作地点可以在场内，也可以在场外，要视具体情况而定。各施工层或施工段的进度不必在进度表内再划分，可以向右横向在水平进度线上标注，类似于网络计划的按施工段排列。

工程量计算工作十分烦琐，重复性劳动多，在工程概算、施工图预算、投标报价、施工预算等文件中都计算工程量，基本上应根据施工预算的数据，分配到各施工层和施工段。进度计划的工程量用来计算劳动量、资源用量、工作持续时间，不作为工资、材料核算和工程结算的依据，可以适当粗略。但按照实际需要作某些必要的调整：如计算土方工程量时还应根据土质情况、挖土深度及施工方法（放边坡或加支撑）等来计算；机械台班量要根据设备性能调整等。此外，需注意以下几点：

（1）计算每一分部分项工程的工程量时，计量单位应与所采用的施工定额的计量单位一致。门窗在施工图预算中按平方米，而在施工定额中却是以樘为单位。

（2）工程量计算应符合相应的分部分项工程的施工方法和施工规范。如土方量计算时放坡规定，计算混凝土时的运输方法和运输设备。

（3）工程量要按施工层、施工段开列，以便组织流水施工。

4.4.3　确定劳动量和建筑机械台班数量

根据各分部分项工程的工程量、施工方法、施工机械、采用的定额、组织要求及以往类似工程的经验，可以计算出完成各个分部分项工程需要的劳动量和机械台班数量。

$$劳动量=\frac{工程量}{产量定额}$$

或

$$劳动量=工程量\times时间定额$$

$$机械台班数量=\frac{工程量}{机械产量定额}$$

或

$$机械台班数量=工程量\times机械时间定额$$

当某分项工程是由若干个分项工程合并而成时，则应分别根据各分项工程的产量定额及工程量，计算出合并后的综合产量定额。计算公式如下：

$$S=\frac{\sum Q_1}{\frac{Q_1}{S_1}+\frac{Q_2}{S_2}+\cdots+\frac{Q_n}{S_{2n}}} \tag{4.1}$$

式中　S——综合产量定额；

Q_1、Q_2、…、Q_n——各个参加合并项目的工程量；

S_1、S_2、…、S_n——各个参加合并项目的产量定额。

“其他工程”项目所需的劳动量，等于各零星工程所需劳动量之和，或者结合实际情况根据施工单位经验估算。

4.4.4 确定各工程项目的工期

在确定了各分部分项工程的劳动量及机械台班后，根据每天在该分部分项工程中安排的工人数（机械台数），就可计算该分部分项工程的工期（即所需的工作日）。按下列公式计算：

$$完成分部分项工程的工期=\frac{分部分项工程的总劳动量（工日）}{每天安排的工人数\times工作班数}$$

$$完成分部分项工程的工期=\frac{分部分项工程的总机械台班数}{每天安排的施工机械数\times工作班数}$$

对于采用新工艺、新方法、新材料等无定额可循的项目，可以采用估计的方法。有时为了提高估计的精度，采用三时间估计，即最长、最短和最可能时间，然后求出持续时间的期望值。

计算出的工作日，要与单位工程的工期和各施工阶段的控制工期协调配合，也应与相邻的分项工程的工期和搭接一致，否则应调整工人数、机械台数和每天工作班数。在确定分项工程每班安排的工人数时，必须考虑到以下几点；

1. 最小劳动组合

建筑施工中的许多工序都不是一个人所能完成的，而必须要有几个部门配合进行。而有的工序则必须在一定的劳动组合时生产效率才高。人数过少或比例不当都将引起劳动生产率的下降。最小劳动组合是指某一个工序要进行正常施工所必需的最低限度的小组人数及其合理组合，因此，每班人数不能少于这一人数。对班组人数进行调整时要符合工种搭配要求，以获得较高的工作效率；同时还应尽量照顾原有的班组建制，以便于管理。

2. 最小工作面

每一个工人或一个班组施工时，都需要有足够的工作面才能发挥效能、保证施工安全，这种必需的工作面称为最小工作面。因为安排施工人数和机械台数时，必然受到工作面的限制，所以不能为了要缩短工期而无限制地增加工人或机械的数量。这样做势必造成工作面不足而产生窝工，甚至发生安全事故。所以最小工作面决定了安排人数的最高限度。工作面也不能太大，否则会造成工作班内的工作面闲置，变相地延长了工期。

3. 可能安排的人数

在安排工人人数时，只要在上述最少必需人数和最多可能人数（或机械台数）的范围内，根据实际情况安排就可以了。必须指出，可能安排的人数，并不是绝对的。有时为了缩短工期，可以保证在有足够的工作面条件下组织非本专业工种的支援。如果在最小工作面的情况下，安排了最大人数仍不能满足缩短工期的要求时，可以组织两班制、三班制来达到缩短工期的目的。

4.4.5 编制施工进度计划

各个分部分项工程的工作日确定后，可开始编排进度。编制进度时必须考虑各分部分项工程的合理顺序，应力求同一施工过程连续施工，并尽可能组织流水施工，将各个施工阶段最大限度地搭接起来，以缩短工期。对某些主要工种的专业工人应力求使其能连续施工。

在编排进度时，首先应分析施工对象的主导工种，即采用主要的机械、耗费劳动力及工时最多的工种，例如混合结构民用房屋施工的主要施工阶段是主体结构施工阶段，单层工业厂房施工的主导工种是结构吊装。安排好主导工种的施工时间，尽量采用分层分段流水作业，各工种则尽可能予以配合、穿插、搭接，以保证连续施工。在各个施工阶段内也有主导施工过程，如现浇混凝土的模板工程，应当首先安排。

编排进度时，可以先安排各分部分项工程（例如基础、构件预制、吊装、装饰工程等）的施工组织，并使其相互之间有最大限度的搭接，最后汇总成单个建筑物进度计划的初步方案。

从初步的进度计划可以看出，不是所有项目对工程工期都有影响，不影响总工期的项目可以根据资源供应条件予以适当调整，使资源尽量均衡。然后，对进度计划的初步方案进行检查，视其施工顺序、搭接时间是否合理，是否满足规定总工期的要求，劳动力、机械等使用有无出现较大的不均衡现象。根据检查结果，对初步方案进行必要的调整。在调整某一工种工程时应注意到对其他工种工程的影响，因为它们是相互联系的。调整的方法是适当增减某项工种工程的工作日，或调动某项工种工程的开工日期。进度计划的调整往往要经过多次反复，直到最后达到既能满足规定工期的要求又能达到技术上和组织上的合理为止，并且尽可能符合各工程的最佳工期，就是使工程成本最低的工期。编制进度计划时，必须深入群众，进行细致的调查研究工作，听取各协作单位的意见，这样才能使所编的进度计划有现实意义。

采用网络计划方法编制进度计划可做到各工种工程之间逻辑顺序严密。当工程项目复杂时，还可借助电算进行网络计划的各种优化计算，最终同样可以打印出水平进度计划表。

4.4.6 劳动力、材料、成品、半成品、机械等需要量计划

施工组织设计还应该对施工中所需要的人力和物资作出规划和安排。有了施工进

度计划之后，就可以根据单位工程施工进度计划编制劳动力、材料、成品、半成品、机械等需要量计划，提供有关职能部门按计划调配或供应。各种材料、成品、半成品等进场的时间和在现场的储存量应根据运距、运输条件以及供应情况而定。塔式起重机、桅杆式起重机进场时间还需考虑铺设轨道及安装起重机的时间。

劳动力、材料、成品、半成品、机械需要量计划表及运输计划表的格式如表4.2～4.5所示。

表4.2　劳动力需要量计划表

项次	工种名称	人数	月份										
			1	2	3	4	5	6	7	8	9	10	…

表4.3　建筑材料、构件、成品、半成品和设备需要量计划

项次	名称	单位	数量	规格	月份										
					1	2	3	4	5	6	7	8	9	10	…

表4.4　建筑机械需要量计划表

项次	机械名称	特性	数量	月份											备注
				1	2	3	4	5	6	7	8	9	10	…	

表4.5　运输计划表

项次	运输设备名称	设备型号	台班	运输项目						备注
				货物名称	单位	数量	货源	运距/km	运输量/(t·km)	

4.5 施工平面图

4.5.1 单位工程施工平面图的设计依据和内容

建筑工地的有序与否取决于施工平面图设计的合理程度。合理的施工平面布置图有利于顺利实施施工进度计划，反之，则造成施工现场混乱，影响施工进度、劳动生产率、工程成本、文明施工和安全生产。单位工程施工平面图是施工组织设计的主要组成部分，是根据建筑总平面图、施工图、本工程的施工方案、施工进度计划等资料设计的。如果单位工程是建筑群的一个组成部分，还要符合建筑群的施工总平面图的条件。施工平面图是施工方案在现场空间上的体现，反映已建工程和拟建工程之间、各种临时建筑和设施之间的空间关系。

其设计就是结合工程特点和现场条件，按照设计原则，对施工机械、施工道路、加工棚、材料构件堆场、临时设施、水电管网、排水系统进行平面的布置和竖向设计，并绘制成图。在设计施工平面图前，应对施工现场及有关情况作深入细致的调查研究，其中包括：

1. 原始资料

（1）自然条件资料：气象、地形、水文、工程地质资料等，主要用于确定临时设施的位置，设计施工排水，确定易燃、易爆及有碍人体健康的设施的位置。

（2）技术经济资料：交通运输、供水供电及排水条件、地方资源、生产生活基地状况。主要用于设计仓库位置、材料和构件堆场，布置水电管线及道路，确定现场施工可利用的生产和生活设施。

（3）建设地点的交通运输情况，河流、水源、电源，建材运输方式。

2. 设计资料

（1）建筑总平面图，包括地形图。图中有已建和拟建建筑和构筑物，据此设计临时建筑和设施的位置，修建运输道路解决排水，从中找出可以利用的已建建筑和需拆除的障碍物。

（2）已有和拟建的地上、地下管线的位置。施工中尽可能利用这些管线，如果对施工有影响时，应考虑拆除、迁移、保护等措施。

（3）建筑区域的竖向设计资料和土方调配图。这些资料与水电管线的布置、土方的挖填和取弃土密切相关。

（4）有关的施工图及图纸会审纪要。

3. 施工资料

（1）施工方案，是确定起重机械和其他施工机具位置、吊装方案、预制构件堆场布置的依据。

（2）单位工程施工进度计划，对了解各施工阶段进度、分阶段布置施工现场、有效利用施工用地起重要作用。

（3）资源需用量计划表，用于确定仓库和堆场面积、形式与尺寸、位置等。

（4）建设单位提供的原有房屋和其他生活设施情况。

（5）属于建设项目时，其相应的施工总平面图。

单位工程施工平面图的比例尺一般采用 1∶500 ~ 1∶200，图的内容如下：

① 建筑总平面图上的已建及拟建的永久性房屋、构筑物及地下管道；

② 施工用的临时设施，包括运输道路、钢筋棚、木工棚、化灰池、砂浆搅拌站、混凝土搅拌站、构件预制场、材料仓库和堆场、行政管理及生活用临时建筑、临时给排水管网、临时供电线网、临时围墙以及一切保安和消防设施等；

③ 垂直运输井架位置，塔式起重机的轨道或位置，必要时还应绘出预制构件的布置位置。

4.5.2 单位工程施工平面图设计的基本原则

设计施工平面图时应遵循下列基本原则：

（1）从施工现场的实际情况出发，遵循施工方案和施工进度计划的要求。

（2）在满足施工的条件下，尽可能地减少施工用地。减少施工用地，可以使现场布置紧凑、便于管理，并减少施工用的管线。

（3）在保证施工顺利进行的情况下，尽可能减少临时设施费用。尽量利用施工现场附近的原有建筑物作为施工临时设施为施工服务，多采用拆装式或临时固定式房屋做临时设施，这些都是增产节约的有效途径。

（4）最大限度地减少场内运输，特别是减少场内二次搬运。各种材料应尽可能按计划分期分批进场，充分利用场地。各种材料堆放的位置，根据使用时间的要求，尽量靠近使用地点、保证施工顺利进行，既节约了劳动力，也减少了材料多次转运中的损耗。

（5）临时设施的布置应有利于施工管理及工人的生产和生活；办公用房应靠近施工现场；福利设施应在生活区范围之内。

（6）要符合劳动保护、保安、消防、环保、市容卫生的要求。

施工现场的一切设施都要有利于生产，保证安全施工，使国家财产免受损失。要求场内道路畅通，机械设备的钢丝绳、电缆、缆风绳等不得妨碍交通，如必须横过道路时，应采取措施。有碍工人健康的设施（如熬沥青、化石灰等）及易燃的设施（如木工棚、易燃物品仓库）应布置在下风向，离开生活区远一些；工地内应布置消防设备；出入口设警卫室；山区建设中还要考虑防洪泄洪等特殊要求。

根据以上基本原则并结合现场实际情况，施工平面图可布置几个方案，选其技术上最合理、费用上最经济的方案。可以从如下几个方面进行定量的比较：施工用地面积、施工用临时道路、管线长度、场内材料搬运量、临时用房面积等。

4.5.3　施工平面图的设计步骤、要求

施工现场平面布置图应包括下列内容：工程施工场地状况；拟建建（构）筑物的位置、轮廓尺寸、层数等；工程施工现场的加工设施、存贮设施、办公和生活用房等的位置和面积；布置在工程施工现场的垂直运输设施、供电设施、供水供热设施、排水排污设施和临时施工道路等；施工现场必备的安全、消防、保卫和环境保护等设施；相邻的地上、地下既有建（构）筑物及相关环境。

单位工程施工平面图设计的步骤是：熟悉、分析、研究有关资料→确定起重机械的位置→确定搅拌站、加工厂、仓库及材料和构件堆场的位置、尺寸→布置运输道路→布置临时设施→布置水电管网→布置安全消防设施→评价技术经济指标及优化→绘制施工平面布置图。在设计时各个步骤是相互关联和相互影响的，一个合理的步骤有利于节约设计时间，减少矛盾。在设计时，除平面设计外，还要考虑空间上是否可能和合理。

各个步骤的设计要求如下：

1. 熟悉、分析、研究资料

熟悉了解设计图纸、施工方案、施工进度的要求，研究分析有关原始资料，掌握现场情况。

2. 确定垂直运输机械的位置

垂直运输设备的位置影响着仓库、料堆、砂浆搅拌站、混凝土搅拌站的位置及场内道路和水电管网的布置，因此要首先予以考虑。

布置塔式起重机的位置要根据现场建筑物四周的施工场地的条件及吊装工艺决定。如在塔式起重机的工作幅度内，原有建筑物、构筑物上空有高压电线通过时，要特别注意采取安全措施；当塔式起重机轨道路基在排水坡下边时，应在其上游设置挡水堤或截水沟将水排走，以免雨水冲坏轨道及路基。

布置固定式垂直运输设备（如附墙式塔机、井架等）时，要照顾到材料运输的方便，最好靠近路边，并使高空水平运输量为最小，一般根据机械性能、建筑物平面形状和大小、施工段的划分情况、材料来向和已有运输道路的情况确定。其目的是充分发挥起重机的能力，并使上、下水平运输的运距小。一般布置在施工段分界处或高低分界处，各施工段不相互干扰。卷扬机不宜离起重机过近，应使司机能看到整个升降过程。

有轨式起重机的轨道布置方式取决于建筑物的平面形状、尺寸和周围施工场地条件。要避免死角，又要争取轨道最短。轨道通常沿建筑物一侧或两侧布置，必要是增设转弯设备。应做好轨道路基周围的排水工作。

无轨道的自行式起重机的开行路线由建筑物的平面布置、构件重量、安装高度和吊装方法确定。

3. 布置材料、构件仓库和搅拌站的位置

材料堆放尽量靠近使用地点，离使用区域重心近，并考虑到运输及卸料方便。基础、底层用材料可堆放在基础四周，但不宜离基坑（槽）边缘太近，以防压坍土壁。二层以上的材料布置在起重机附近。

如用固定式垂直运输设备，则材料、构件堆场应尽量靠近垂直运输设备，以减少二次搬运。采用塔式起重机作垂直运输时，材料、构件堆场、砂浆搅拌站、混凝土搅拌站出料口等应布置在塔式起重机工作幅度范围内。采用移动式起重机时，应靠近轨道或开行路线。

构件的堆放位置要考虑到吊装顺序：先吊的放在上面，后吊的放在下面或稍远一些。吊装构件进场时间应密切与吊装进度配合，力求直接卸到就位位置，避免二次搬运。

砂浆、凝土搅拌站的位置应尽量靠近使用地点和靠近垂直运输设备。有时浇筑大型混凝土基础时，为减少混凝土运输量，可将混凝土搅拌站直接设在基础边缘，待基础混凝浇筑好后再转移。砂石堆场、水泥仓库应紧靠搅拌站布置，因砂石、水泥或用量极大，因此搅拌站的位置亦应同时考虑到使这些大宗材料的运输和卸料方便。

木工棚和钢筋加工棚可在建筑物四周较远的地方，但应在起重机工作范围内。石灰和淋灰池接近砂浆搅拌站的下风向。沥青库和熬制锅远离易燃仓库和堆场，且在下风向。

4. 布置运输道路

现场主要道路尽可能利用永久性道路，或先选好永久性道路的路基，在土建工程结束后再铺路面。现场的道路最好是环形布置，不能布置成环形时应在路端设 12 m×12 m 的回车场，保证运输工具有回转的可能。道路宽度一般不小于 3.5 m，困难时不小于 3 m，双车道不小于 5.5 m。单位工程施工平面图的道路布置，应与全工地性施工总平面图的道路相配合。

5. 布置行政管理及生活用临时房屋

临时设施应考虑使用方便，不妨碍施工，并符合消防和保安的要求。出入口设门岗；办公室要布置在靠近现场的地方；工人生活用房尽可能利用建设单位永久性设施。若系新建企业，则生活区应与现场分隔开。一般新建企业的行政管理及生活用临时房屋由全工地施工总平面来考虑。

6. 布置水电管网

施工用临时用水、用电的计算在施工组织总设计中讲述。一般建筑面积在 5 000 ~ 10 000 m^2 的单位工程，给水总管为 DN100，支管为 DN40 和 DN25。DN100 的管可以供给一个消防龙头的水量，在现场还应考虑消防水池、水桶、灭火器等消防设施。单位工程施工中的防火一般利用建设单位的永久性消防设施，属于新建的建设项目由全工地性施工总平面图考虑。消防水管不小于 DN100，消防栓离建筑不应小于 5 m，也不能大于 25 m，距离路沿不大于 2 m，间距不大于 120 m。水压不足时可设高压泵或蓄水池解决。

为满足施工阶段排水需要，要先修通能为施工所用的永久性下水管道，结合现场竖向设计资料和地形情况在建筑物四周设置排泄地面水和地下水的沟渠。

单位工程施工用电应在全工地性施工总平面图中一并规划，扩建工程一般计算出用电总数后提供建设单位解决，不单设变压器。独立的单位工程的变电站应布置在现场边缘高压线接入处，离地大于 3 m，2 m 以外用高度大于 1.7 m 的铁丝网作围护，变电站不宜布置在交通要道口。用电线路距建筑物水平距离 1.5 m 以上，垂直距离 2 m 以上，立杆间距 25 ~ 40 m。

施工平面图设计时应考虑施工阶段的变化，复杂的或施工用地紧张的工程应按不同的施工阶段分别设计施工平面图，整个施工期间要使用的道路、水电管线和临时设施应尽量固定，以充分利用场地、节约费用。

施工平面布置图的方案比较一般考虑施工用地面积、场地利用率、场内运输情况、临时建筑面积、临时道路和各种管线长度，以及劳动保护、安全、消防、环保、卫生、市容等方面。

4.6　施工管理计划

施工管理计划应包括进度管理计划、质量管理计划、安全管理计划、环境管理计划、成本管理计划以及其他管理计划等内容。制订施工管理计划是施工组织设计者创造性的工作。

4.6.1　质量管理计划

保证工程质量措施的关键是从全面质量管理的角度，建立质量保证体系，对施工组织设计的工程对象容易发生的质量通病和采用的“四新”(新技术、新材料、新结构、新工艺)制定防治措施，从材料、加工、运输、储存堆放、施工、验收等方面去保证质量。ISO9000 是保证工程质量的有效质量保证体系，QC 小组活动、工序质量控制点、工序“三检制”都对保证施工质量和改进施工有很大作用，要坚持推广。当工程采用“四新”时，需吸取过去的施工经验，制定有针对性的技术措施来保证工程质量。对于复杂的地基处理、桩基施工、基础结构施工、主体结构施工、施工测量、防水和装饰工程施工等，都要制定施工技术措施，并且要将措施落实，切实保证工程质量。

保证工程质量措施还应从以下几方面考虑：

（1）确保拟建工程定位、放线、轴线尺寸、标高抄测准确无误。

（2）保证地基承载能力符合设计规定的有关技术措施。

（3）各种基础、地下结构、地下防水工程施工的质量措施。

（4）保证主体承重结构主要施工过程的质量、预制承重构件的检查措施，材料、半成品、砂浆、混凝土等的检验和使用要求。

（5）冬、雨期施工的质量措施。

（6）防水工程、装饰工程的质量管理计划和成品保护措施。

（7）质量通病防治措施。

（8）施工质量的检查验收制度，各分部分项工程的质量目标。

4.6.2 安全管理计划

安全施工占有十分重要的地位，在制订施工方案和施工组织设计时，应予以足够的重视。安全技术措施应贯彻安全操作规程，对施工过程中可能发生安全问题的各个施工环节进行预测，并有针对性地提出预防措施，切实加以落实，以保证安全施工。

安全措施应着重考虑下述方面：

（1）安全教育。提出安全施工的宣传、教育具体措施，对新职工和复岗职工做上岗前的安全教育和安全操作培训。

（2）预防自然灾害。针对拟建工程的地形、环境、自然气候、气象等情况，提出防台风、雷电、洪水、滑坡以及防冻、防暑、降温的措施和具体办法，以便减少损失，避免伤亡。

（3）深坑、高空和立体交叉作业。严格明确合理的施工顺序，制定结构吊装、上下垂直平行施工时的安全要求和措施，确保结构施工过程中的稳定，在施工过程中正确使用安全用具。

（4）易燃、易爆、危险品。“三品”的管理和使用的安全技术措施，有毒、有尘、有害气体环境下操作人员的安全要求和措施。

（5）机电设备。包括安全用电、电气设备的管理和使用，机械、机具的安全操作规程，交通、车辆的安全管理。

（6）防火、防爆措施。

（7）安全检查。对安全检查的规定，安全隐患的处理，安全维护制度。

此外，还有环境保护、保安等，还要明确安全生产目标、安全事故处理程序。

4.6.3 成本管理计划

成本管理计划要以施工预算为尺度，以企业或基层施工单位年度、季度降成本计划和技术组织措施为依据进行编制。要针对工程施工中降低成本潜力大、工程量大、有采取措施可能性和条件的项目，发动技术人员、预算人员开动脑筋，提出措施，计算出经济效益指标，加以评价决策。成本管理计划包括采用先进的技术和设备、节约材料和劳动力、降低机械使用费、降低间接费、节约临时设施费用、节约资金等。降成本措施应考虑以下几方面：

（1）生产力水平先进。

（2）有合理的劳动组织和管理组织，保证措施的落实。

（3）物资计划管理，从采购、运输、现场管理、竣工材料的回收方面降低成本。

（4）采用新技术、新工艺提高功效、降低耗用。

（5）保证工程质量，减少返工费用。

（6）保证安全生产，避免安全事故带来的损失。

（7）提高机械的利用率，减少机械费开支。

（8）工程建设提前完工，减少管理费等费用的开支。

需注意，成本、质量、工期三者是相互联系、相互影响的，要综合考虑，不能只强调某一方面，否则最终达不到预期目标。

4.6.4　季节性施工措施

工程施工时间跨越冬季和雨季时，要制定冬期施工措施和雨期施工措施。制定这些措施的目的是保证工期、安全、质量和成本。

雨期施工措施根据工程所在地的雨量、雨期及施工工程的特点进行制定。要在防淋、防潮、防泡、防淹、防拖延工期等方面，分别采用疏导、堵挡、遮盖、排水、防雷、合理储存、调整施工顺序、避雨施工、加固防陷等措施。

冬季因气温、降雪量不同，工程部位和施工内容不同，施工单位的条件不同，应采用不同的冬期施工措施。要按照有关的冬期施工规定选用措施，以达到保温、防冻、改善操作环境、保证质量、控制工期、安全施工、减少浪费的目的。

4.7　单位工程施工组织设计的技术经济分析

技术经济分析是论证施工组织设计在技术上是否可行、在经济上是否合算的过程，通过科学的计算和分析比较，选择技术经济最佳的方案，为不断提高施工组织设计水平提供依据，为寻求增产节约途径和提高经济效益提供信息。技术经济分析既是单位工程施工组织设计的内容，也是必要的设计手段。

技术经济分析要按以下基本要求进行：

（1）全面分析。对施工的技术方法、组织方法及经济效果进行分析，对需要与可能进行分析，对施工的具体环节及全过程进行分析。

（2）应抓住施工方案、进度计划、施工平面图三个重点，建立技术经济指标体系。

（3）灵活运用定性方法和有针对性地运用定量方法。做定量分析时，主要指标、辅助指标和综合指标要区别对待。

（4）技术经济分析要以设计要求、有关国家规定和工程实际需要为依据。

4.7.1 技术经济比较指标

单位工程施工组织设计技术经济分析的指标比较多（图 4.6），包括工期指标、劳动生产率指标、质量指标、安全指标、成本率、机械化施工指标、三大材节约指标等。这些指标在单位工程施工组织设计基本完成后计算，反映在施工组织设计中，作为考核的依据。

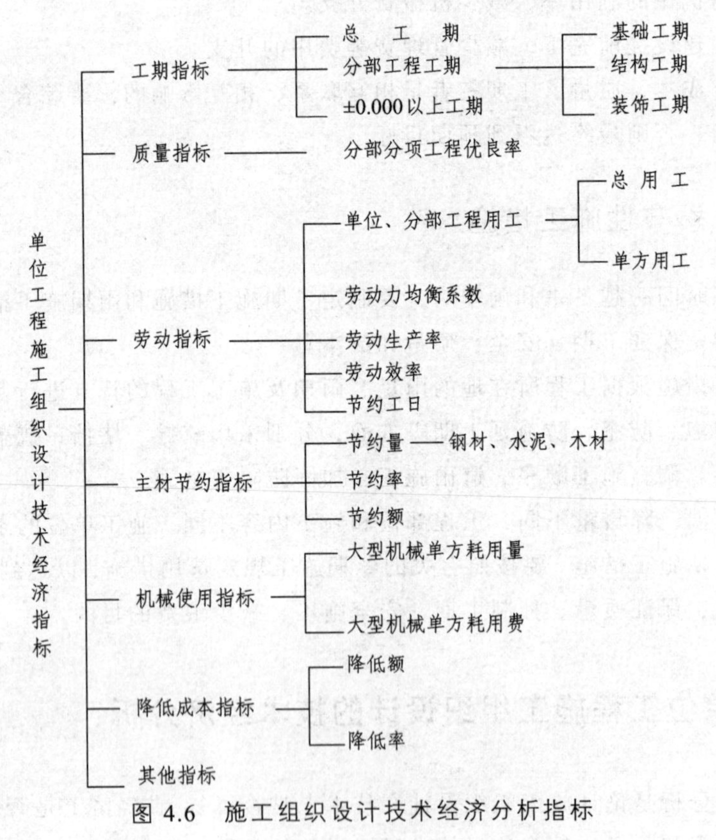

图 4.6 施工组织设计技术经济分析指标

1. 主要指标

1）工 期

（1）提前工期。

提前工期 = 上级要求或合同规定工期 − 计划工期

单位工程进度计划必须符合规定工期，力求达到使成本最低或收益最高的最佳工期。

（2）节约工期。

$$节约工期 = 定额工期 - 计划工期$$

2）资源的均衡性

单位工程进度计划中的资源均衡性主要是指劳动力消耗的均衡性。因为劳动力耗用均衡，其他资源也基本能够均衡。单位工程的劳动力耗用动态图，不允许出现短时间高峰或长时期的低谷。当在短时期内出现工人人数高峰时，这就在建筑工地必须相应地增加为工人服务的各种临时设施，导致增加了间接费用的支出；当在施工期间较长时期出现人数低谷时，这说明工程拖延和工人有窝工现象，计划安排得不紧凑。

劳动力耗用的均衡性可以用劳动力不均衡系数 K 来评价：

$$劳动力不均衡系数\ K = \frac{最高峰的工人数}{平均工人人数}$$

劳动力不均衡系数 K 越接近 1，说明劳动力的安排是最理想的。在组织流水作业的情况下，可得到较好的 K 值。除了总劳动力耗用要均衡以外，对各专业工种工人的均衡性更应正视。不均衡系数一般以在 1.5 内为宜，超过 2 则不正常。

当建筑工地有若干个单位工程同时施工时，就应该考虑全工地范围内劳动力耗用的均衡性，在编制单位工程进度计划时应与全工地总进度计划相配合，并绘出全工地性的劳动力耗用动态图。

3）主要机械的使用率

单位工程进度计划中主要机械的使用程度会直接影响工期和成本，这是衡量进度计划的一个重要指标。不同主要机械的使用率可以作多方案比较，选择最优方案。选择使用率最高即停歇率最低的方案为进度计划的决策方案。

2. 辅助指标

单位工程进度计划的评价，除上述主要指标以外，还有以下辅助指标：

$$单位建筑安装工程的机械化程度 = \frac{机械化施工工作量}{单位工程总工作量}$$

$$预制装配程度 = \frac{预制装配工作量}{单位工程总工作量}$$

$$每平方米建筑物劳动消耗量 = \frac{总用工数（工日）}{建筑面积}$$

$$每工平均日产量或日产值 = \frac{工程总工作量（产值）}{总劳动量}$$

$$劳动量节约率 = \left(1 - \frac{计划用工数}{施工预算用工数}\right) \times 100\%$$

$$有节奏流水施工资源均衡系数 = \frac{n}{m+n-1}$$

3. 施工平面指标

$$施工占地系数=\frac{施工占地面积}{建筑面积}$$

$$施工场地利用率=\frac{施工设施占用面积}{施工用地面积}$$

$$临时设施投资率=\frac{临时设施费用总和}{施工总造价}$$

4.7.2 技术经济分析的方法

技术经济分析应围绕质量、工期、成本三个主要方面进行。选用方案的原则是：在质量达到优良的前提下，工期合理，成本节约。

单位工程施工组织设计技术经济分析的重点是：工期、质量、成本、劳动力使用、场地占用、临时设施、协作配合、材料节约、新技术、新设备、新工艺、新材料。

技术经济比较一般采取定性和定量分析的方法。定性分析是各方案一般优缺点的分析和比较，例如，施工操作上的难易和安全，可否为后续工序提供有利条件，对冬期或雨期施工带来的困难，是否可利用某些现有的机械和设备，能否一机多用，能否给现场文明施工创造条件，等等。定量的技术经济分析在计算的基础上用劳动力及材料消耗、工期及成本费用等来进行比较。进行分析时往往可将二者结合起来进行分析，而定量分析是主要根据。

定量分析有多指标和单指标（或称综合指标）两种方法。

1. 多指标分析方法

这种方法是用一系列的价值指标、实物指标和时间指标等个体指标来反映的。每一个个体指标只说明某一方面的情况，是从某一个局部直接反映经济效果，比较单一、具体，例如工期、劳动量、能耗等。这种方法是常用的方法，已为建筑部门的技术经济人员所掌握。这种方法当用作总体方案比较时，如果某方案的全部指标都优于其他方案，这无疑是最优方案。但是实际上全部指标最优的方案在客观上是极少的，往往各个方案有部分指标较优，另一些指标较差。即各个方案实际上都存在着不同程度的优劣指标，而且各种指标对方案经济效果的影响是不等同的。在这种情况下，应将每种方案比较分成若干主要指标和辅助指标，分别作定量分析，按以下原则评价：

（1）主要指标是决定方案取舍的主要依据，如果大部分主要指标的经济效果比较显著，则整个方案基本上可以肯定。

（2）各方案在主要指标之间发生矛盾时，应着重考虑价值指标。因为它是集中反映了各方面的技术经济情况，亦可说有某些综合性，故应起主导作用。

（3）在主要指标相差不大的情况下，需要分析辅助指标，用辅助指标作为选择方实的补充论证。

（4）在进行综合经济评价时，不能孤立地考虑各个指标，应当结合实际情况，从全局出发，因地制宜地加以选择。

（5）要考虑预期经济效果。对每项新技术的掌握都有一个发展过程，它的经济效果也必然是逐渐提高的，因此要进行预期效果的经济分析，即以预计长远的效益作为补充论证。

2. 单指标分析方法

单指标分析是用一个综合指标作为评价方案的客观标准。单指标是在多指标计算的基础上加以综合分析的。其计算方法有多种，常用的综合指标计算是根据各个指标重要程度分别定出“权值”，最重要的指标“权值”最高，划分等级定值。此外，各个指标分别定出相对的“指数”，即同一指标根据指标的优劣程度定出相应的指数值。每个方案各指标的“指数”乘以相应的“权值”之和即为综合指标。

必须指出，单指标分析并非唯指标决策，尤其是当不同方案的综合指标相近时，还应考虑社会、技术进步、环境等其他因素和实际条件，然而它能给决策人提供综合效果的定量值，为最后决策提供科学依据。

多指标分析与单指标分析方法并不是相互排斥的。虽然综合指标能全面地反映优劣程度，但由于它所含的内容繁杂，要受到很多因素影响，亦会掩盖某些不利因素。为了完整和正确地分析各个方案的经济效果,应把单指标和多指标两者结合起来评价，相互补充，以综合指标为主、个体指标为辅，也就是在综合分析的基础上，着重分析和解决个体指标所反映的不利因素，促进有利因素。

在某些特定条件下，往往某些个体指标会占主导作用，例如：某一时期需要节约使用国民经济某种短缺的资源；边缘地区或缺乏劳动力的地区，劳动力指标往往成为主要因素；某些地区甚至可能会以利用工业废料作为主要的因素。这就是综合指标所不能替代的特殊作用。

4.8　单位工程施工组织设计的执行与管理

4.8.1　施工组织设计的贯彻执行

施工组织设计是指导拟建工程施工全过程技术、经济和组织的综合性文件。它是由工程技术人员从技术经济的角度出发，根据建筑产品的生产特点，对人员、资产、材料、机械和施工方法进行的科学合理的安排，对施工各项工作活动作出全面的规划和部署，使工程能有组织、有计划、有条不紊地进行施工，达到相对的最佳效果。

首先，要正确看待施工组织设计。施工组织设计是用于指导施工全过程的技术经济文件。因此要充分认识到它对施工生产的指导作用，否则施工组织设计就毫无价值。具体工作中要尽可能地发挥其指导作用，使施工生产有依据可循。施工组织设计一经审批，就具备权威性，不能轻易更改。同时，由于施工生产的复杂性，可变影响因素多，应用过程中应当根据具体情况的变化进行调整，以便更好地指导施工生产。施工组织设计应实行动态管理，项目施工过程中，发生以下情况之一时，应及时对施工组织设计进行修改或补充：① 工程设计有重大修改；② 有关法律、法规、规范和标准实施、修订和废止；③ 主要施工方法有重大调整；④ 主要施工资源配置有重大调整；⑤ 施工环境有重大改变。经修改或补充的施工组织设计应经重新审批后实施；项目施工前，应进行施工组织设计逐级交底；在项目施工过程中，应对施工组织设计的执行情况进行检查、分析并适时调整。

在实际施工过程中有以下现象要予以纠正：

（1）没有充分认识施工组织设计的作用，编制、实施过程不认真，更使其指导性差。

（2）忽视施工组织设计的权威性，更改指标、进度等随心所欲，或者没有对调整方案认真进行分析、不进行审批等，造成部门不了解情况，一线不能适应变化，形成浪费。

（3）编制人员构成不合理，编制出的施工组织设计不能做到技术与经济的统一，偏重某一方面，使其应用价值降低。

（4）把施工组织设计教条化，不能随机应变，使施工组织设计逐渐脱离生产实际，最终不具备指导作用。

因此，在施工组织设计的编制和执行中要注意以下问题：

（1）选定合适的编制人员。

为保证施工组织设计的编制质量和效率、实施的指导作用，应尽可能选择通晓工程技术和管理技术，了解施工队伍具体情况，具备一定经济知识，了解设计技术并具有丰富施工经验的技术人员承担。

（2）编制施工组织设计要密切结合实际。

编制以前要认真收集整理资料，摸清现场情况，制订方案要集思广益，多方征求意见，使施工组织设计成为基层技术人员和相关管理人员的共同成果，为实施创造条件。

（3）严格审批程序。

施工组织设计编制后，需按规定逐级审批，审批后方能生效。审批的目的在于保证质量和有效地指挥生产，审批也是上级部门了解工程施工的一个途径，能使上下步调一致。

（4）做好单位工程施工组织设计交底。

在工程开工前，应召开各级生产和技术会议，逐级进行交底工作，使各级参与人员心中有数，形成人人把关的局面。在交底中，应详细讲解其内容要求、施工中的关键问题、各项保证措施；责成生产计划部门或项目经理部，按单位工程施工进度计划要求编制具体的实施计划；责成技术部门或项目经理部，拟订实施的具体技术细则。

（5）制定有关贯彻施工组织设计的规章制度。

为了维持企业的正常生产秩序，顺利贯彻实施单位工程施工组织设计，企业和项目经理都必须制定、完善和健全各项规章制度，保证施工组织设计的顺利实施。

（6）积极推行各项技术经济承包制。

采用技术经济承包办法，如节约材料奖、技术进步奖、优良工程综合奖、工期提前奖等，把技术经济责任同职工物质利益结合起来，便于贯彻过程中的相互监督和激励，这是贯彻执行单位工程施工组织设计的重要手段之一。

（7）统筹安排，综合平衡，适时调整。

在施工的进行过程中，要严格按照单位工程施工组织设计的要求，统筹安排好人力、物力和财力，保持合理的施工规模。要通过月、旬作业计划，及时分析各种不均衡因素，综合各种施工条件进行各专业工种间的综合平衡，随条件变化、生产进展完善和调整施工组织设计，保证施工能连续、均衡而富有节奏地进行。

上述各项工作是单位工程施工组织设计顺利贯彻执行的保证，各级施工和技术领导人员，应严格按照单位工程施工组织设计，检查和督促各项工作的落实。但是由于建筑施工是一个复杂的生产过程，受到周围客观条件影响的因素很多，所以单位工程施工组织设计，并不是一成不变的。在施工过程中，由于情况和条件发生变化，施工方案可能会有较大的变更，这时应及时修改和补充单位工程施工组织设计，并经原审批部门同意后，按修改后的施工组织设计执行。

有时又由于劳动力、材料和机械等物质的供应及自然条件等因素的影响，打破原进度计划也是常见的事，故在工程进展中，应随时掌握施工动态，善于使主观的东西适应客观情况的变化，不断修改和调整计划，使施工进度计划发挥指导施工的具体作用。随着工程的进展，各种机械、材料、构件等在工地上的实际布置情况是随时在改变的，这就需要按不同的施工阶段来布置施工平面图。因此，单位工程施工组织设计的检查与调整工作，不仅在其编制时要认真进行，而且在其贯彻执行过程中也应经常检查和调整，使其贯穿整个施工过程的始终。

4.8.2　横道图进度计划的检查与调整

1. 横道图计划的检查

1）双线法

横道图计划可采用日常检查或定期检查，检查的内容是在进度计划执行记录的基础上，将实际执行结果与原计划的规定进行比较。比较的内容有：开始时间、结束时间、持续时间、实物量或工作量、总工期。同时，也还应对施工顺序和资源消耗均衡性进行检查。

横道图比较法是一种反映进度实施进展状况的方法，施工进度安排图中用粗实线表示原计划进度，双线表示实际进度（实际工作中也可用彩色线表示），也可根据编制的正式横道图跟踪记录。通过简单而直观的比较，能使进度控制人员掌握到进度实施现状，以便采取相应的措施。

（1）对施工顺序进行检查。应从技术上、工艺上、组织上检查各个施工顺序是否符合建筑施工的客观规律，各个施工项目的安排是否合理。

（2）对资源消耗均衡性的检查。主要是针对劳动力、材料、机械等的供应与使用，应避免过分集中，尽量做到均衡。

2）“S”形曲线比较法

S 形曲线是一个以横坐标表示时间，纵坐标表示工程量或工作量累计完成量的曲线图。一般是实物工程量大小、工时消耗或费用支出额，也可以用相应的百分比来表示。

对于大多数工程项目来说，时间与完成的工程量或工作量的关系呈中间大而两头小的形状，如图 4.7（a）所示。由于这一原因，累加后便形成一条中间陡而两头平缓的形如“S”的曲线，故因此而得名，如图 4.7（b）所示。

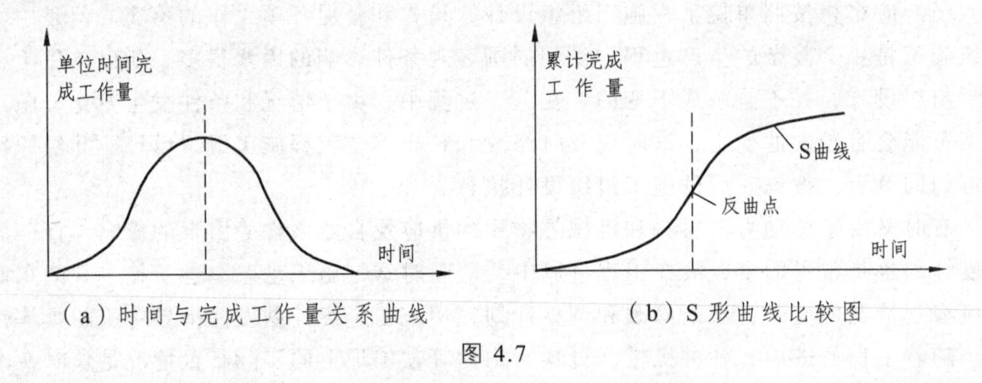

（a）时间与完成工作量关系曲线　　（b）S 形曲线比较图

图 4.7

如同横道图，S 形曲线也能直观地反映工程的实际进展情况。检查时，先作出计划的 S 曲线，在执行过程中，每间隔一定时间，将实际进展情况用前述方法绘制在原计划的 S 曲线上进行直观比较，如图 4.8 所示。通过检查比较，可以获得如下信息：

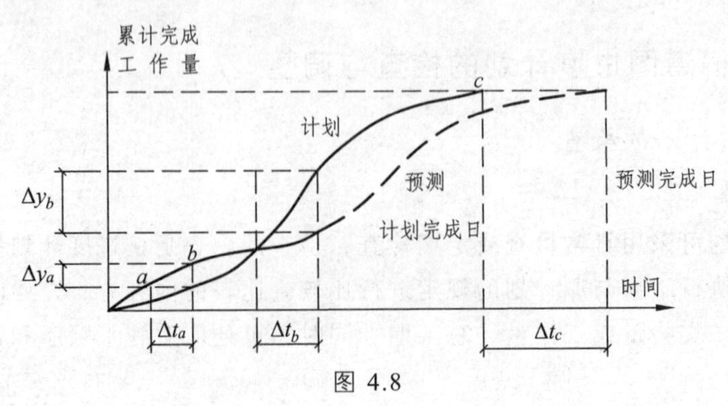

图 4.8

（1）实际工程进展速度。如果按工程实际进展描点落在原计划的 S 曲线左侧，则表示此刻实际进度比计划进度超前，如图 4.8 中的 a 点；反之，如在右侧，则表示实际进度比计划进度拖后，如图 4.8 中的 b 点。

（2）进度超前或拖延的时间。在图 4.8 中，Δt_a 表示在 t_a 时刻进度超前的时间，Δt_b 表示在 t_b 时刻进度拖延的时间。

（3）工程量完成情况。在图 4.8 中，Δy_a 表示在 t_a 时刻超额完成的工程量，Δy_a 表示 t_b 时刻拖欠的工程量。

（4）后期工程进度预测。在图 4.8 中，Δt_c 表示若后期工程按原计划速度实施，则总工期拖延的预测值。

2. 横道图计划的调整

当采用横道图比较法检查出问题后，应及时进行调整。如检查时，某项工作有可能拖延完成，但对其后续工作无影响，可不作调整；若对其后续工作有直接影响，则应在后续工作中对工期起控制作用的施工项目进行缩短工作时间的调整，并注意施工人数、机械台数的重新确定。如检查时，某项工作有可能提前完成，但对其整个总工期影响不大，也可不作调整。若有利于整个总工期的提前，这时应分别考虑，如整个总工期提前有利项目效益，则后续各施工项目顺延提前；如整个总工期提前对项目效益不大，则应从资源均衡角度出发，对后续某施工过程延长工作时间，以避免资源需用的过分集中。

对资源均衡性检查中，如发现出现短期需用量高峰，这时应进行调整。一种方法是延长某些施工项目的持续时间，把资源需用的强度降低；另一种方法是在施工顺序允许的情况下，将施工项目向前或向后移动，消除短期资源需用量高峰。

在 S 曲线检查中，如实际进度比计划进度超前，应考察质量和成本情况，如果正常，则应抽出人力，并使各资源供应强度降低，放慢施工进度；如实际进度比计划进度要慢（拖后），则应增加人力及资源投入，赶上计划进度。

4.8.3　网络计划的检查与调整

1. 网络计划的检查

网络计划的检查一般采用定期检查。检查周期的长短应视计划工期的长短和管理的需要决定，可按一日、双日、五日、周、旬、半月、一月、一季等为周期。当计划执行过程中突然出现意外情况时，可进行“应急检查”，以便采取应急调整措施。上级如认为有必要，可进行“特别检查”。定期检查应在制度中规定。

网络计划检查的主要内容有：关键工作的进度；非关键工作的进度及时差利用；工作之间的逻辑关系；资源状况；成本状况；存在的其他问题。

检查网络计划时，首先必须收集网络计划的实际执行情况，并进行记录。

1）前锋线法

当采用时标网络计划时，可采用实际进度前锋线（简称前锋线）记录计划执行情况。前锋线应自上而下地从计划检查时的时间刻度线出发，用直线段依次连接各项工作的实际进度前锋，最后到达计划检查时刻的时间刻度线为止。有时，前锋线也可采用点画线或彩线，相邻的前锋线可采用不同的颜色。在时标图上标画前锋线的关键是，标定工作的实际进度前锋点的位置，其标定方法可采用比例法。如按已完成的工程量比例来标定，检查计划时，某工作的工程实物量完成了几分之几，其前锋点就从表示该工作的箭线起点自左而右地量取几分之几打点；有时也可按时间比例，如总的需 5 天时间，已完成 4 天，即完成 4/5，则取该工作横线长度的 4/5 处打点，这种方法形象、直观、简便。观察时，线路与前锋线的交点正好在检查日期一线上的，表示进度正常，在检查日期线前（右方）的表示进度提前，在后（左方）的则表示拖后，前锋线头尾表示检查日期。处于波峰上的线路较相邻线路进度快，处于波谷上的线路则较相邻线路的进度慢。

2）"香蕉" 曲线比较法

"香蕉"曲线实际上是由两条 S 形曲线组合而成的，因其外形像"香蕉"，故因此而得名，如图 4.9 所示。

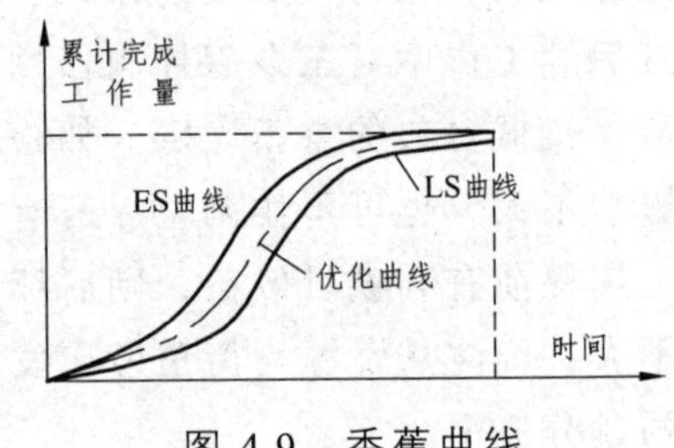

图 4.9　香蕉曲线

从图 4.9 中可观察出，"香蕉" 曲线的两条 S 形曲线具有相同的开始时间和结束时间，其中一条是以各工作均按最早开始时间安排进度所绘制的 S 形曲线，简称 ES 曲线。另一条是以各工作均按最迟开始时间安排进度所绘制的 S 形曲线，简称 LS 曲线。

除开始和结束束外，ES 曲线上其余各点均落在 LS 曲线的左侧，某一检查时刻两条曲线各对应完成的工作量是不同的。在具体实施过程中，理想的状况是任一时刻接实际进度描出的检查点，应落在两条曲线所包的区域以内。如检查点落在两条曲线所包的区域之外，则需进行调整。检查点在 ES 曲线左侧区域，表明实际进度过快，在考察质量和成本正常的情况下，降低资源供应强度，使施工速度放慢；反之，如在 LS 曲线右侧，表明实际进度拖后，应增大资源投入，把计划进度赶上。

"香蕉" 曲线的作图方法与 S 形曲线的作图方法一致，所不同之处在于：它是以工作的最早开始时间和最迟开始时间分别绘制的，通常用来表示某项目的总体进展情况。在进行计划检查时，先按网络图计算出工作的最早开始时间和最迟开始时间；其次，确定各工作在不同时间的工作量（如工时消耗、费用支出或实物工程量）；再次，确定项目总工作量，并计算出某一时刻完成项目总工作量的百分比，分别作出 ES 和 LS 曲线，从而构成香蕉曲线；最后，按实际进度确定不同时间实际完成工作量百分比，作出其 R 曲线。

网络计划检查后，宜列表反映检查结果及情况判断，以便对计划执行情况进行分析判断，为计划的调整提供依据。一般宜采用实际进度前锋线，分析计划的执行情况及其发展趋势，对未来的进度情况作出预测判断，找出偏离计划目标的原因及可供挖掘的潜力所在。

2. 网络计划的调整

网络计划的调整时间一般应与网络计划的检查时间一致，或定期调整，或在必要时进行应急调整、特别调整等，一般以定期调整为主。通过调整解决检查出的问题。

1）调整的内容

（1）关键线路长度的调整。

（2）非关键工作时差的调整。

（3）增减工作项目。

（4）调整逻辑关系。

（5）重新估计某些工作的持续时间。

（6）对资源的投入作局部调整。

2）关键线路长度的调整

（1）当关键线路的实际进度比计划进度提前时，若不拟缩短原计划工期，则应利用这个机会选择资源占用量大或直接费用高的后续关键工作，适当延长其持续时间，以降低资源强度或费用，延长的时间不应超过已完成的关键工作提前的时间量；若要缩短原计划工期，使提前完成的关键线路的效果变成整个计划工期的提前完成，则应将计划的未完成部分作为一个新计划重新进行计算与调整，按新的计划执行，并保证新的关键工作按新计算的时间完成。

（2）当关键线路的实际进度比计划进度落后时，计划调整的任务是：采取措施把失去的时间抢回来，故应在未完成的关键线路中，选择资源强度小或费用率低的关键工作予以缩短，并把计划的未完部分作为一个新计划，重新进行时间参数的计算，按新参数执行。这样有利于减少赶工费用。

3）非关键工作时差的调整

非关键工作时差的调整应在时差的范围内进行，以便更充分地利用资源、降低成本、满足施工的需要。每次调整均必须重新计算时间参数，从而观察这次调整对计划全局的影响。调整的方法一般有三种：将工作在总时差的范围内移动；延长非关键工作的持续时间；缩短非关键工作的持续时间。三种方法的前提均是降低资源强度。

4）增减工作项目

增减工作项目时，均不应打乱原网络计划总的逻辑关系，只对局部逻辑关系进行调整。增减工作项目之后，应重新计算时间参数，以分析此调整是否对原网络计划工期有影响，必要时采取措施，以保证计划工期不变。

5）调整逻辑关系

逻辑关系的调整只有当实际情况要求改变施工方法或组织方法时才能进行。调整时应避免影响原定计划和其他工作的顺利进行。一般说来，只能调整组织关系，而工艺关系不宜进行调整，以免打乱原计划。同时应注意，调整的结果绝对不应形成对原计划的否定。

6）调整工作的持续时间

当发现某些工作的原计划持续时间有误或实现条件不充分时，应重新估算其持续时间，并重新计算时间参数。

7）对资源的投入作局部调整

当资源供应发生异常时，应采用资源优化方法对计划进行调整或采取应急措施，使其对工期的影响最小。资源调整的前提是保证工期或使工期适当。

4.8.4 施工平面图的优化配置

1. 施工平面图的贯彻

施工平面图是安排和布置施工现场的基本依据，是有组织、有计划地组织文明施工的重要保证，也是加强施工现场科学管理的基础。因此，应严格地按照经批准后的施工平面图贯彻执行，这样不仅能顺利地完成施工任务，而且还可以提高施工效率，并取得较好的施工经济效益。

施工平面图的贯彻应设专人负责，严格按其管理制度执行。督促现场管理人员按施工平面设计图布置施工机械、临时设施、材料、构件、半成品、水电管网、道路等，减少施工垃圾，排除污染，合理布置各种宣传牌，设置安全防护设施和安全标志牌。坚持文明施工，为施工作业创造良好的环境。另外，要随时检查施工平面图的合理性，对不合理部分，要进行相应的修改，并应根据施工阶段的不同，及时制订改进方案，经批准后，按新的方案监督执行。

2. 施工平面图的优化配置

在施工平面图的贯彻执行过程中，由于建筑安装工程工种繁多、流动性大，许多工种常年处于露天作业，高空、地下、立体交叉作业以及小面积多工种作业，笨重的劳动密集型重体力劳动。因此，应结合现场施工平面图的布置，加强安全措施的贯彻执行及优化配置工作。

在施工现场，应成立以项目经理为首的安全管理小组，认真贯彻执行上级有关安全施工的规定，推动和组织施工中的安全工作，在业务上接受上一级安全管理部门的领导。制订可靠的安全保证措施，建立健全安全施工的有关制度，使安全管理标准化、制度化。施工安全制度主要有：安全生产责任制度、安全生产教育制度、安全检查制度、安全技术措施计划制度及伤亡事故的调查和处理制度等。

根据“全员管理、安全第一”的原则，优化安全管理方法，建立安全施工责任制，明确规定企业各级领导、职能部门、工程技术人员和生产工人在施工生产中的安全责任。强化安全教育，使职工在思想上重视安全生产，在技术上懂得安全生产的基本知识，在操作上掌握安全生产的要领，这是做好安全生产和劳动保护工作的保证。安全教育的内容包括：安全思想教育、安全知识教育、安全法制教育、安全技术教育、安全纪律教育、卫生安全教育及典型经验和事故教训的教育。

优化安全技术组织措施，主要包括以改善施工劳动条件、防止伤亡事故和职业病为目的的一切技术措施。应做好以下工作：

首先，开展以机械化、自动化为中心的技术革新，积极改进施工工艺和操作方法，改善劳动环境条件，减轻劳动强度，消除危险因素，保证安全生产。

其次，机械设备应设有安全装置。

最后，应注意安全设施的设置，如在施工现场设置安全围栏，设置防火设置，坚持使用高空作业的安全网、安全带、安全帽措施等。

4.8.5　施工现场管理方法简介

施工现场管理涉及施工企业各职能部门，是整个企业综合管理的集中反映，关系到工程进度、质量、成本、安全与资金运转、场容场貌、文明施工等综合效果。因此，企业内各职能部门必须坚持“现场第一、强化服务”的原则。

施工企业应建立健全责任制及施工现场内部各项管理制度，实行建筑施工现场管理科学化、标准化，做到优质、高效、文明、安全地施工。

一般施工企业应以国家、行业及企业的有关规定标准、制度、规范为依据，制定下列施工现场管理标准，以利科学化、标准化管理：施工现场准备管理标准、施工现场工序作业标准、施工现场材料管理标准、施工现场设备管理标准、施工现场安全管理标准、施工现场质量管理标准、施工现场场容管理标准、施工现场进度管理标准、施工现场生活管理标准、施工现场宣传管理标准等。这样可为施工现场管理科学化、标准化创造良好环境，在此基础上，从施工组织设计入手，抓好施工现场管理标准化的总体布局，特别是施工平面图的贯彻执行，可以树立良好场容场貌的市场形象，并可带动各项基础管理纳入标准化轨道，如围墙大门规范化、道路水沟网络化、物料堆放定置化、资料管理档案化、工序衔接定时化、合同管理程序化、成本核算动态化等，为施工项目的现场管理带来明显的社会和经济效益。

在施工现场除注重标准化管理方法外，还应加强劳动安全、卫生防疫、污染防治、市容环卫、社会治安、消防安全工作的日常管理。现分别就施工现场管理中施工管理、卫生管理、环境管理、治安管理应注意的问题作一简介。

施工管理：建筑工程应在批准的施工现场范围内组织施工，按照批准的施工现场和临时占用的道路，施工单位不得随意挖掘或擅自改变其使用性质；施工现场必须设置明显的标牌，并在标牌上写明工程名称、建设单位、设计单位、建设监理单位、施工单位及项目经理和施工现场总代表人姓名、开工日期、竣工日期，施工现场的管理人员、务工人员应当佩戴证明其身份的证卡，非施工人员不得擅自进入施工现场。施工现场的各种安全设施和劳动保护器具，必须保持完好状态；在施工现场周边设立围护设施，属临街和居民居住区在建工程的，应当设置封闭式围护设施作业，保持工地周边整洁；土方、爆破、机械施工时，按有关规定执行。

卫生管理：施工现场的生活饮用水，必须符合国家规定的卫生标准；施工现场职工食堂卫生状况，必须达到国家食品卫生的有关规定标准，并应向当地卫生部门申请办理“卫生许可证”；食堂工作人员必须先体检，培训合格后方可上岗；施工现场人员居住地卫生条件应符合国家有关标准，并建有符合卫生条件的厕所。

环境管理：建立冲洗保洁制度，并设置沉淀池、冲水池和排水沟，妥善处理施工废水及生活垃圾、粪便等，使各种污染物排放达到国家规定排施标准；对产生噪声的施工机械，应采取有效措施，减轻或消除扰民噪声；处理建筑渣土，应向市容环卫管理部门办理有关手续，运输车辆必须装载适量，并做好遮盖和捆扎，严禁运输途中抛撒、遗漏。

治安管理：在施工现场内必须加强社会治安综合治理工作，实行谁主管谁负责的原则；外来务工劳动者应办理“外来人员就业证”和“暂住证”，协助公安机关执行公务。

复习思考题

1. 简述单位工程施工组织设计的编制依据。
2. 简述单位工程施工组织设计的内容。
3. 什么是施工部署？
4. 简述施工程序、施工流向和施工顺序的区别。
5. 什么是敞开式施工？其优缺点是什么？其适用条件是什么？
6. 单位工程施工平面图的设计步骤是什么？

第5章　施工组织总设计

基本建设工作是按照计划、设计和施工三个阶段进行的。施工阶段的主要任务是按计划文件的要求和设计图纸的内容，组织人力和物力，把建设项目迅速建成，使之早日交付使用。

现代建筑施工是一项十分复杂的生产活动。在一个大型建筑工地上，有成千上万工种专业的建筑工人，使用着几十、几百台机械，消耗着千百种几十、几百万吨的材料，进行着建筑产品（房屋和构筑物）的生产。除去这种直接的生产活动（基本生产）以外，在工地上还要组织建筑材料、构件和半成品等的生产（附属生产），还要组织材料的运输和储存、机具的供应和修理、临时供水供电及动力管网的铺设、为生产和生活服务的临时设施的修建等辅助生产。要将这些复杂的生产活动有效地、科学地组织起来，使工地上的工人、机械、材料能够各得其所，各得其时，人尽其能，物尽其用，以最少的消耗取得最大的效果，必须认真细致地做好组织、技术及物资供应等几方面的通盘规划，作为施工生产活动的指南。施工组织总设计就是这样一个全局性的指导性文件。所谓施工组织总设计，就是以整个建设项目为对象，根据初步设计（或扩大初步设计）图纸进行编制的，重点是研究整个建设项目在施工组织中的全局问题并进行通盘规划，作为整个建设工程施工的全局指导性文件。

5.1　施工组织总设计的编制依据和内容

在接到施工任务通知书后，应进行施工组织总设计编制前的各项技术准备工作，熟悉已批准的初步设计（或扩大初步设计）图纸和有关设计资料，做好建设地区的调查研究和现场勘测工作，从中取得可靠的依据资料，以便编制出合理的、切实可行的施工组织总设计。施工组织总设计由建设总承包单位或建设主管部门领导下的工程建设指挥部负责编制。

5.1.1　施工组织总设计的编制依据

编制施工组织总设计需要下列资料：

1. 计划文件

如国家批准的基本建设计划文件、工程项目一览表、分期分批投产的期限要求、投资指标和工程所需设备材料的订货指标；建设地点所在地区主管部门的批件；施工单位主管上级下达的施工任务等。

2. 设计文件

批准的初步设计（或扩大初步设计）、设计说明，总概算和已批准的计划任务书等。

3. 人力、机具装备和自然条件及技术经济条件

施工中可能配备的人力、机具装备和施工准备工作中所取得的有关建设地区的自然条件及技术经济条件等资料，如有关气象、地质、水文、资源供应、运输能力等。

4. 上级的有关指示

如对建筑安装工程施工的要求，对推广新结构、新材料、新技术及有关的技术经济指标等。

5. 规定、规范、定额

国家现行的规定、规范、概算指标、扩大结构定额、万元指标、工期定额、合同协议和议定事项及各施工企业累积统计的类似建筑的资料数据等。

5.1.2 施工组织总设计的编制程序

施工组织总设计的编制程序如图 5.1 所示。

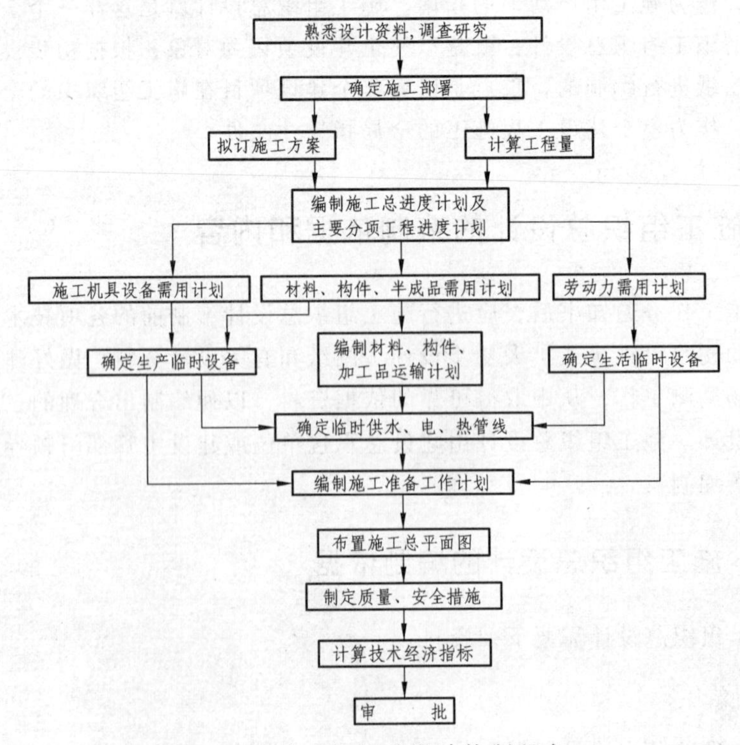

图 5.1 施工组织总设计编制程序

5.1.3 施工组织总设计的内容

施工组织总设计的内容和编制深度，视工程的性质、规模、建筑结构的特点和施工复杂程度、工期要求和建设地区条件等而有所不同，通常大致包括：工程概况、施工部署和主要项目施工方案、施工总进度计划、施工总平面图和技术经济指标。

1. 建设工程概况

建筑工程概况包括项目主要情况和项目主要施工条件等。项目主要情况包括：项目名称、性质、地理位置和建设规模、总期限及分期分批投入使用的规模和期限；项目的建设、勘察、设计和监理等相关单位的情况；项目设计概况，占地总面积、建筑面积、管线和道路长度，设备安装及其吨数，总投资、建筑安装工作量及厂区和生活区的工作量，生产流程及工艺特点，建筑结构类型特征，新技术复杂程度等；项目承包范围及主要分包工程范围；施工合同或招标文件对项目施工的重点要求；其他应说明的情况。见表 5.1、表 5.2。

项目主要施工条件应包括：项目建设地点气象状况；项目施工区域地形和工程水文地质状况；项目施工区域地上、地下管线及相邻的地上、地下建（构）筑物情况；与项目施工有关的道路、河流等状况；当地建筑材料、设备供应和交通运输等服务能力状况；当地供电、供水、供热和通信能力状况；其他与施工有关的主要因素。

表 5.1　建筑安装工程项目一览表

序　号	工程名称	建筑面积/m^2	建安工作量/万元		吊装和安装工程量/（t 或件）		结构形式
			土　建	安　装	吊　装	安　装	

表 5.2　主要建筑物和构筑物一览表

序　号	工程名称	结构特征或示意图	建筑面积/m^2	占地面积/m^2	建筑体积/m^3	备　注

2. 施工部署及主要建筑物的施工方案

施工部署是对项目实施过程做出的统筹规划和全面安排，包括项目施工主要目标、施工顺序及空间组织、施工组织安排等。

施工组织总设计应对项目总体施工做出下列宏观部署：确定项目施工总目标，包括进度、质量、安全、环境和成本等目标；根据项目施工总目标的要求，确定项目分阶段（期）交付的计划；确定项目分阶段（期）施工的合理顺序及空间组织。

施工部署阐述如何完成整个建设项目施工任务的总设想，针对关系施工全局的问题作出决策，拟就指导全局、组织施工的战略规划。而施工方案是针对单个建筑物作出的战术安排。施工部署和施工方案分别为施工组织总设计和单个建筑物施工组织设计的核心。

施工部署的重点内容是：根据上级指示和任务书的要求，确定好分期分批的施工项目及其开工程序和竣工投产的期限；规划各项准备工作；组织施工力量，明确参加施工的各单位的任务和施工区段的划分；规划为全工地施工服务的建设项目，如水电供应设施、道路、工地仓库的修建、预制构件厂和其他加工厂的数量及其规模；生活供应上需要采取的重大措施等。

对主要建筑物的施工方案，此时仅对关键性工程和特殊要求以及牵涉到全局性的一些需要解决的问题，作出原则性的考虑，提出指导性方案，并为其提供施工组织和技术条件。至于详细的施工方案和措施则到编制单位工程施工组织设计时再进一步拟订。

施工组织总设计应对项目涉及的单位（子单位）工程和主要分部（分项）工程所采用的施工方法进行简要说明。对脚手架工程、起重吊装工程、临时用水用电工程、季节性施工等专项工程所采用的施工方法应进行简要说明。

3. 施工总进度计划

施工进度计划是为实现项目设定的工期目标，对各项施工过程的施工顺序、起止时间和相互衔接关系所作的统筹策划和安排。施工总进度计划是根据施工部署中所决定的各建筑物的开工顺序及施工方案、施工的力量（包括人力、物力），通过计算或参照类似建筑物的工期，定出各主要建筑物的施工期限和各建筑物之间的搭接时间，用进度表的形式表达出来的用以控制施工时间进度的指导文件。施工总进度计划是编制资源计划、运输计划的依据。

4. 各项资源配置计划

施工资源是为完成施工项目所需要的人力、物资等生产要素。按照施工准备工作计划和施工总进度计划的要求和主要分部分项工程进度，套用概算定额或经验资料，编制出下列资源需要量计划表。

（1）劳动力配置计划表。确定各施工阶段（期）的总用工量；根据施工总进度计划确定各施工阶段（期）的劳动力配置计划。

（2）主要工程材料和设备的配置计划。

（3）主要施工周转材料和施工机具的配置计划。

（4）运输计划表。

（5）大临设施需用计划表。

5. 施工总平面图

施工总平面图是解决建筑群施工所需的各项设施和永久建筑（拟建的和已有的）相互间的合理布局，系按照施工部署、施工方案和施工总进度计划，将各项生产、生活设施（包括房屋建筑、临时加工预制场、材料仓库、堆场、水电源、动力管线和运输道路等）在现场平面上进行周密规划和布置。施工平面图是一个具体指导现成施工的空间部署方案，用于指导现场有组织、有计划的文明施工。对于大型建设项目，由于施工期限长，需分期分批建设或因为场地所限，必须数次周转使用场地时，则应按照施工现场的变化要求，规划不同施工阶段的施工总平面图。

6. 技术经济指标

一般需要反映的指标有：

（1）施工周期，即从主要项目开工到全部项目投产使用，共多少个月。

（2）全员劳动生产率。

$$\text{建筑安装企业全员劳动生产率} = \frac{\text{自行完成的建筑安装工作量}}{\text{全部在册职工人数} - \text{非生产人员平均数} + \text{合同工、临时工人数}}$$

（3）非生产人员比例，即管理、服务人员数与全部职工人员数之比。

（4）劳动力不均衡系数，即施工期高峰人数与施工期平均人数之比。

（5）单位面积用工数。

（6）临时工程费用比。

$$\text{临时工程费用比} = \frac{\text{全部临时工程费}}{\text{建筑安装工程总值}}$$

$$\text{全部临时工程费} = \text{临时工程一次投资费} + \text{租用资} - \text{回收费}$$

（7）单位体积、单位面积造价。

（8）综合机械化程度。

$$\text{综合机械化程度} = \frac{\text{机械化施工完成的工作总量}}{\text{建筑安装工程总工作量}}$$

（9）工厂化程度（房建部分）。

$$\text{工厂化程度} = \frac{\text{加工预制厂完成的工作量}}{\text{建筑安装工程总工作量}}$$

（10）装配化程度。

$$\text{装配化程度} = \frac{\text{用装配化施工的房屋建筑面积}}{\text{施工的全部房屋面积}}$$

（11）施工场地利用系数。

$$施工场地利用系数\ K=\frac{\sum F_6+\sum F_7+\sum F_8+\sum F_9}{F}$$

式中 $F=F_1+F_2+\sum F_3+\sum F_4-\sum F_5$

F_1——永久厂区围墙内的施工用地面积；

F_2——厂区外施工用地面积；

F_3——永久厂区围墙内施工区域外的零星用地面积；

F_4——施工区域外的铁路、公路占地面积；

F_5——施工区域内应扣除的非施工用地和建筑物面积；

F_6——施工场地有效面积；

F_7——施工区域内永久性建筑物的占地面积。

5.2 施工部署

施工部署是对整个建设工程的全局作出战略安排，并解决其中影响全局的重大问题。根据建设工程的性质和客观条件的不同，考虑的重点也不同，但在施工部署中，一般对下列问题需要进行细致的研究。

5.2.1 施工任务的组织安排

明确建设项目施工的机构、体制，建立施工现场同意的指挥系统及职能部门，明确划分参与整个建设项目的各施工单位和各职能部门的任务；确定综合的和专业化组织的相互配合；划分施工阶段，明确各单位分期分批的主攻项目和穿插项目，作出战役组织的决定。

5.2.2 确定工程开展程序

确定合理的各项工程总的开展程序，是关系到整个建设项目能否迅速建成的重大问题，也是施工部署中组织施工全局生产活动的战略目标，必须慎重研究，并考虑以下主要问题。

1. 主体系统工程施工程序安排

对于大型的工业企业来说，根据产品的生产工艺流程，分为主体生产系统、辅助生产系统及附属生产系统等。根据生产系统的划分，在施工项目上分为主体系统工程和辅助、附属系统工程。在安排主体系统工程的施工程序时，应考虑下列几点要求：

（1）分析企业产品生产的内在联系和工艺流程，从施工程序上保证各系统工程生产流程的合理性和投产的先后顺序。

（2）尽量利用已建成的生产车间的生产能力，为建设期间的施工服务。

（3）各个系统工程施工所需的合理工期。

（4）如企业分期建设时，为了发挥每套生产体系的设备或机组的能力，在施工程序上，必须考虑前、后期工程建设的阶段性，使每期工程能配套交付生产；在考虑施工均衡性的同时，注意投资均衡与节约，保证建设的连续性，使前期工程为后期工程的生产准备服务。

（5）应该使每个系统工程竣工投产后有一个运转调试和一个试生产的时间，以及有为下一工序生产配料和必要储备量的时间；此外尚需考虑设备到货及安装的时间，也就是说，安排施工程序时在时间上要留有余地。

2. 辅助、附属系统工程的施工程序

一个大型工业企业，除了主体系统工程以外，必然还有一些为主体生产系统服务的辅助设施，以及利用生产主要产品的废料而设置的某些附属工程，如为整个企业服务的机修、电修系统，动力系统，运输系统等辅助工程系统及生产过程中综合利用余热、废气、废料等附属产品的附属工程系统。

对辅助工程系统的施工程序安排，既要考虑生产时为全企业服务，又要考虑在基建施工时为施工服务的可能性。因此一般把某些辅助工程系统安排在主体工程系统之前，不能为施工服务的辅助系统安排在主体系统之后，安排成辅—主—辅的施工程序，使之既可为生产准备服务，又可为施工服务。而辅助工程系统本身，也应成组配套，使其发挥应有的能力。与整个企业有关的动力设施，如水、电、蒸汽、压缩空气、煤气和氧气等，应根据轻重缓急，相应配合。一般先施工厂外的中心设施及干线。

解决全企业的生活用水，特别是冶金、化工、电厂等企业，在生产过程中更是分秒不许间歇。供水系统的施工顺序应是“先站后线、先外后内”，即先修建供水系统的外部中心设施，如水泵站、净化站、升压站及厂外主要干线，后建各施工区段的干线。一个大型企业的建设项目往往包括电厂建设工程，企业生产与电厂发电采用联合供水，而电厂的投产又必须走在主体工程系统之前。因此厂外供水设施，在建设顺序上的投产时间应视电厂施工期限而定，最好是在电厂建成投产前 1～2 个季度为宜，以便进行试验和调整。排水系统不仅包括生产废水的处理与排除设施，而且还包括在施工期间地面水的排除。排除地面水对于现场施工环境和保证运输畅通具有重要意义，必须按照生产系统投产顺序及施工分期的要求，在运输道路基层施工之前，铺设排水干管。

交通运输工程系统，是辅助生产系统的重要系统工程项目，包括线路、站、埠（码头）等运输设施。实践证明，建设现代化的大型工业企业，如果只注意主体系统工程的投产顺序，而忽略运输设施的及时修建和施工程序安排，就必然会带来生产上的减产（严重的甚至停产），施工材料的运输及设备不能及时到达。对于铁路运输线的安排，首先考虑厂外的专用线与国家铁路的连接，同时不放松各系统工程的车站建设。至于车站通向各系统工程的内部线路，则应与各系统工程投产要求相适应。

附属工程系统施工程序应与主体生产系统相适应，保证各生产系统按计划投入生产。

3. 规划建设顺序的要求和步骤

综上所述，编制或规划一个大型工业企业建设顺序的目的，主要是保证企业内各生产系统在满足国家产品生产计划的要求下，充分发挥基本建设投资效果和达到均衡施工。要达到上述目的，就必须在建厂过程中研究和遵守企业内各生产系统在产品上的内在规律性。也就是必须保证建设的项目、投产的产量和投产期限在建设过程中，按生产工艺要求，有步骤按比例地开展。特别是大型企业的建设，由于其建设工期长、投资巨大，在规划建设顺序时，必须贯彻保证重点、统筹安排、有效地集中力量分期分批地打歼灭战的方针，实现分期分批投产，使企业在逐年建设过程中，充分发挥投资效益。

根据我国建设经验，一个大型工业企业建设顺序的规划，可按下列步骤进行：

（1）按照企业的对象、规模，正确地划分准备期和建厂期，以及建厂期的施工阶段。

（2）按企业对象的特点划分主体系统工程和辅助系统工程，并确定系统工程的数量，以每一个系统工程作为交工系统。一个交工系统，必须具有独立的完整的生产系统。

（3）参考国内外先进水平及有关工期定额，结合本单位的技术水平、技术装备等确定各交工系统的工期。特别应注意第一个交工系统的重要性和复杂性。同时必须考虑投产后生产技术过关所需要的时间及其为一个加工系统生产一定储备量所需的时间。每一个交工系统还应该算出其投资额。

（4）按照生产工艺流程的要求，找出各交工系统投产的衔接时间，并遵守国家或上级规定的指标要求，以此来决定交工系统施工的先后顺序。规划时还要考虑投资的均衡性和高峰程度。

（5）绘制企业建设分期分批投产顺序的进度计划表。表的格式示例如表 5.3 所示。

表 5.3 大型企业建设分期分批投产顺序进度计划表

项次	项目		工期/月	第一年				第二年				第三年				第四年				占总投资比例/%
				1	2	3	4	1	2	3	4	1	2	3	4	1	2	3	4	
1	准备期	附属企业																		
2		生活基地																		
3		场地平整																		
4		运输设施																		
5		供水排水																		
6		动力设施																		
7	建设期	某系统																		
8		某系统																		
9		某系统																		
10	历年投资数/万元																			
11	占总投资/%																			

5.2.3　现场施工准备工作规划

在建设工程的范围内，修通道路，接通施工用水、用电管网，平整好施工场地，一般简称为“三通一平”。这是现场施工准备工作中重要的内容，也是搞好施工必须具备的必要条件。此外，尚需按照建筑总平面图做好现场测量控制网；在充分掌握地区情况和施工单位情况的基础上，尽可能利用本系统，本地区的永久性工厂、基地，永久道路等为施工服务，然后按施工需要，做好暂设工程的项目、数量的规划。

必须指出：施工准备不仅开工前需要，而且在开工以后，随着施工的迅速开展，在各个施工阶段，仍要不断地为各阶段施工预先做好准备。所以施工准备工作是有计划有步骤分阶段进行的，它贯穿于整个建设的全过程，不过随着各阶段的特点和要求，有不同的内容和重点。在施工部署中的施工准备工作，是对整个建设工程的总体要求。做出全工地性的施工准备工作规划，重点考虑首期工程的需要和大型临时设施工程的修建。

5.2.4　主要建筑物施工方案的拟订

拟订主要建筑物的施工方案和一些主要的、特殊的分部工程的施工方案，其目的是组织和调集施工力量，并进行技术和资源的准备工作；同时也为了施工进程的顺利开展和现场的合理布置，其内容应包括工程量、施工工艺流程、施工的组织和专业工种的配合要求、机械设备等。其中较为重要的是做好机械化施工组织和选好机械类型，使主导施工机械的性能既能满足工程的需要，又能发挥其效能。

5.3　施工总进度计划的编制

施工总进度计划是全现场施工活动在时间上的体现。它是根据施工部署中建设分期分批投产顺序，将每一个系统的各项工程分别列出，在系统工程控制的期限内，进行各项工程的具体安排。如建设项目的规模不大，各系统工程项目不多时，也可不先安排分期分批投产顺序，直接安排施工总进度计划。施工进度计划的作用是在确定各个系统及其主要工种工程、准备工程和全工地性工程的施工期限及其开竣工时间的基础上，确定建筑工地上劳动力、材料、成品、半成品的需要和调配，建筑机构附属企业的生产能力，堆场和临时设施面积，供水、供电的数量等。正确编制施工计划是保证各个系统以及整个建设项目如期交付使用，充分发挥投资效果，降低建筑工程成本的重要条件。

5.3.1　施工总进度计划的编制方法

施工总进度计划是以表格的形式表示的，表格形式可以根据各单位的实际情况与编制经验而拟订。表 5.4 所示为常用的表格形式。

表 5.4　施工总进度计划表

序号	工程名称	建筑面积/m^2	劳动量/工日	进度计划													
				××年						××年							
				7	8	9	10	11	12	1	2	3	4	5	6	7	8

施工总进度计划按下列步骤编制：

1. 工程项目的开列

总进度计划主要起控制总工期的作用，因此项目划分不宜过细，计划搞得过细不利于调整。列项系根据施工部署中分期分批投产顺序，并突出每一个系统的主要工程项目分别列入工程名称栏内，一些附属及民用建筑可予以合并。

2. 计算拟建建筑物以及全工地性工程的工程量

根据批准的建设项目一览表，按工程分类计算各单位工程的主要工种工程的工程量。工种工程量是指把每个建筑物都按土方、砌砖、浇筑混凝土等主要的和大规模的工种工程分别计算出来，其中包括为施工服务的全工地性工程，如平整场地、修筑道路、建造临时建筑等。此时计算工程量的目的是为选择施工方案和选择主要的施工、运输机械提供依据，同时也为了初步规划主要施工过程在建筑群间组织流水施工和计算劳动力及技术物资的需要量。因此，工程量只需粗略地计算即可。

工程量的计算方法，可按初步设计（或扩大初步设计）图纸并套用下列定额、资料进行计算（表 5.5）。

表 5.5　建筑安装工程万元消耗工料指标

序号	1	2	3	4	5	6	7	8	9	10	11	12	13	14	15
工程种类				工业建筑					民用建筑						
	工业民用综合	工业建筑	民用建筑	装配式重型结构	装配式轻型结构	框架结构	单层混合结构	多层混合结构	办公、教学楼	实验、门诊、医院	食堂、浴室、厨房	住宅、宿舍类	沿街建筑、招待所	旅馆、车站、公用建筑	农村建筑
人工/工日	397	373	492	345	339	362	410	434	508	398	424	473	435	521	995
钢材/t	2.95	2.96	1.40	3.06	3.04	5.29	2.34	2.00	1.29	1.23	1.77	1.24	1.51	2.78	1.09
水泥/t	14.2	14.7	14.29	15.48	12.35	15.96	14.24	15.05	14.89	13.05	14.63	14.89	15.65	14.33	6.17
模板/m^2	1.17	1.23	0.94	1.06	0.59	4.74	0.72	1.52	1.15	0.52	1.01	0.84	1.20	1.27	0.12

续表

序号	1	2	3	4	5	6	7	8	9	10	11	12	13	14	15
工程种类	工业民用综合	工业建筑	民用建筑	工业建筑					民用建筑						
				装配式重型结构	装配式轻型结构	框架结构	单层混合结构	多层混合结构	办公、教学楼	实验、门诊、医院	食堂、浴室、厨房	住宅、宿舍类	沿街建筑、招待所	旅馆、车站、公用建筑	农村建筑
成材/m^3	1.87	1.40	3.77	1.23	.071	1.18	1.58	3.48	3.70	3.10	3.6	4.9	3.1	2.1	2.5
砖/万块	2.3	1.9	3.9	1.1	1.1	1.3	3.2	2.7	3.7	3.1	3.6	4.9	3.1	2.1	2.5
瓦/千块	0.91	0.8	1.35		1.06		1.39	0.65	1.11		2.42	1.01	0.13	0.98	8.48
砂/t	66	63	76	47	52	62	84	64	70	67	73	86	95	78	9
碎石/t	62	64	53	64	58	71	74	44	74	45	40	50	74	42	13
白铁皮/m^2	5	5	6	4	3	8	4	7	4	6	8	7	6	11	
玻璃/m^2	18	16	26	18	11	17	17	24	26	23	23	29	24	16	27
油毡/m^2	62	63	58	92	99	37	21	44	42	123	96	34	69	140	
焊条/kg	18	20	11	23	21	16	19	18	18	16	6	5	15	35	
铁钉/kg	20	19	22	13	16	39	16	25	21	17	21	26	17	24	8
铁丝/kg	12	13	7	18	13	21	5	16	5	8	8	6	13	10	5
沥青/kg	101	114	50	274	37	81	44	271		235	20		166	156	

（1）万元、十万元投资的工程量、劳动力及材料消耗扩大指标（即万元定额）。在这种定额中，规定了某一种结构类型的建筑，每十万元投资中需消耗的劳动力、主要材料的数量等。对照设计图纸中的结构类型及概算，即可求得拟建工程分项需要的劳动力和主要材料的消耗数量。

（2）概算指标或扩大结构定额。这两种定额，都是在预算定额的基础上的进一步扩大。概算指标以建筑体积为单位，扩大结构定额以面积为单位，分别按建筑物的结构类型、跨度、高度分类，给出每 100 m^3 建筑体积和每 100 m^2 建筑面积的劳动力和材料消耗指标。

（3）标准设计或已建房屋、构筑物的资料。在缺少定额手册的情况下，可采用已建类似工程实际所消耗的劳动力、材料数量，按比例估算。但是和拟建工程完全相同的已建工程是比较少见的，因此在采用已建工程资料时，一般都要进行必要的换算和调整。也可以采用分部工程造价占土建总工程造价的百分比进行估算（表 5.6）。

表 5.6　分部工程造价占土建总造价的百分比

序号	建筑物名称	基础	砖墙	现浇混凝土	预制钢筋混凝土	预应力混凝土	门窗	木结构	金属	屋面	楼地面	粉刷	其他
1	框架厂房	9.30	11.86	4.70	27.24	9.97	9.33	—	8.88	2.56	8.67	—	7.67
2	混合厂房	7.40	15.80	1.50	27.93	10.40	9.31	—	14.10	0.72	6.92	0.41	5.47
3	砖木厂房	5.86	20.88	0.84	0.27	—	11.52	16.21	—	—	12.82	—	—
4	混合教学楼	3.36	23.35	18.64	17.63	5.22	8.82	1.52	—	3.30	7.67	3.00	7.49
5	混合宿舍	6.17	33.00	4.48	17.92	8.12	9.83	2.03	—	—	8.07	3.31	7.07
6	混合医院	7.42	25.21	5.61	8.76	—	14.12	8.44	—	8.78	9.33	6.14	6.19
7	混合营业楼、办公楼	6.27	32.71	13.67	3.45	—	9.86	5.87	—	8.66	9.68	4.57	5.56
8	饭堂、厨房	6.30	24.27	—	0.47	—	8.54	13.59	—	23.03	15.50	3.49	4.81

除房屋外，还必须计算主要的全工地性工程的工程量，例如铁路及道路、水电管线等长度。这些长度可以从建筑总平面图上量得。

按上述方法计算出的工程量，填入工种工程量汇总表（表 5.7）中。次要工程可以归并成组计算。从工程量汇总表中，将计算出的劳动量进行综合，分别填入总进度计划表中相应栏内。

3. 确定各单位工程（或单个建筑物）的施工期限

影响单位工程施工期限的因素很多，如建筑类型、结构特征、施工方法、施工技术和施工管理水平、施工单位的机械化程度以及施工现场的地形和地质条件等。因此，各单位工程的工期应根据现场具体条件对上述影响因素进行综合考虑后予以确定。此外也可参考有关的工期定额（或指标）。工期定额（或指标）是根据我国各部门多年来的建设经验经分析对比后而制定的，可查阅建筑施工手册或有关资料。

4. 确定各单位工程（或单个建筑物）开竣工时间和相互搭接关系

开竣工及各建筑物工期之间的搭接关系，需要在施工总进度计划中进一步考虑并作具体确定。通常在解决这一问题时，主要应考虑下列诸方面因素：

（1）同一时期开工的项目不宜过多，以避免人力、物力的分散。同时对于在生产（或使用）上有重大意义的主体工程，工程规模较大、施工难度较大、施工周期较长的项目，以及需要先期配套使用或可供施工使用的项目，在各系统的控制期限内，应尽量先安排施工。

（2）在确定每个施工项目的开、竣工时间上，应充分估计设计图纸和材料、构件、设备的到达情况，务使每个施工项目的施工准备、土建施工、设备安装和试生产（运转）的时间能合理衔接，保证工程施工的连续进行。

表 5.7　各工种工程量汇总表

序号	工程名称	单位	工业建筑							居住建筑						临时建筑					
			主要建筑		辅助建筑		附属工程			单身宿舍	家属宿舍	公共房屋	道路	管道		住房	公共房屋	道路	加工房	仓库	
1	准备工程																				
2	土方工程 平整场地 挖　土 回　填 运　土																				
3	砖石工程 砌块石 砌　砖																				
4	混凝土 现　浇 预　制																				
5	吊　装 钢筋混凝土 钢结构																				
6	屋面工程 装饰工程 水电安装 道　路 其　他																				

（3）尽量使劳动力和技术物资消耗在全工程上均衡，避免资源负荷高峰和减少劳动力调度的困难。因此，在各建筑物工期之间的搭接关系上，应进一步考虑土建工程中各主要工种及设备安装工程实行工程项目间的流水作业（即建筑群间的大流水施工），使各工种工人及技术资源，有计划、有组织地从一个施工项目转移到下一个施工项目，达到劳动力、土方、材料、构件和施工机械的综合平衡。

（4）确定一些调剂项目（或称吞吐工程），如某些宿舍、附属或辅助车间等，用以调节主要项目的施工进度和作为既能保证重点又能实现均衡施工的措施。

通过以上各方面的考虑，在施工总进度计划表中以横道图的表达方式予以确定。

5.3.2　施工准备工作计划的编制

施工总进度计划能否按期实现，很大程度上取决于相应的施工准备工作能否及时开始、按时完成。因此，按照施工部署中的施工准备工作规划的项目，施工方案的要求和施工总进度计划的安排等，编制全工地性的施工准备工作计划，将施工准备期内的准备工程和其他准备工作进行具体安排和逐一落实，是施工总进度计划中准备工程项目的进一步具体化，也是实施施工总进度计划的要求。

施工准备工作计划，通常以表格形式表示（表 5.8）。

表 5.8 施工准备工作进度计划

序 号	项 目	施工准备工作内容	责任单位	协作单位	进 度	备 注

5.4 劳动力和主要技术物资需要量计划的编制

劳动力和主要技术物资需要量计划是根据表 5.7 所列各建筑物分工种的工程量，套用万元定额、概算指标（或扩大结构定额）等有关资料，计算出各建筑物所需的劳动力、主要材料、预制加工品的需要量。然后再根据总进度计划，大致估计出劳动力、主要材料等在某季度内的需要量，填入相应的各种表格（表 5.9 ~ 5.11 等）中，从而编制好各项需要量计划，作为规划临时建筑、组织劳动力进场和调集施工机具的基本依据。

表 5.9 整个建筑工程劳动力综合一览表

<table>
<tr><td rowspan="3">项次</td><td rowspan="3">工种名称
工程内容</td><td colspan="8">工 业 建 筑</td><td colspan="2">居住建筑</td><td colspan="2" rowspan="3">仓库加工厂等临时性建筑</td><td colspan="4">××年</td><td rowspan="3">××年</td><td rowspan="3">××年</td></tr>
<tr><td colspan="3">工业建筑</td><td rowspan="2">道路</td><td rowspan="2">铁路</td><td rowspan="2">上下水道</td><td rowspan="2">电气工程</td><td rowspan="2">其他</td><td rowspan="2">永久性</td><td rowspan="2">临时住宅</td><td rowspan="2">一季度</td><td rowspan="2">二季度</td><td rowspan="2">三季度</td><td rowspan="2">四季度</td></tr>
<tr><td>主厂房</td><td>辅助</td><td>附属</td></tr>
<tr><td>1</td><td>土 工</td><td></td><td></td><td></td><td></td><td></td><td></td><td></td><td></td><td></td><td></td><td></td><td></td><td></td><td></td><td></td><td></td><td></td><td></td></tr>
<tr><td>2</td><td>钢筋工</td><td></td><td></td><td></td><td></td><td></td><td></td><td></td><td></td><td></td><td></td><td></td><td></td><td></td><td></td><td></td><td></td><td></td><td></td></tr>
<tr><td>3</td><td>木 工</td><td></td><td></td><td></td><td></td><td></td><td></td><td></td><td></td><td></td><td></td><td></td><td></td><td></td><td></td><td></td><td></td><td></td><td></td></tr>
<tr><td>4</td><td>瓦 工</td><td></td><td></td><td></td><td></td><td></td><td></td><td></td><td></td><td></td><td></td><td></td><td></td><td></td><td></td><td></td><td></td><td></td><td></td></tr>
<tr><td>5</td><td>混凝土工</td><td></td><td></td><td></td><td></td><td></td><td></td><td></td><td></td><td></td><td></td><td></td><td></td><td></td><td></td><td></td><td></td><td></td><td></td></tr>
<tr><td></td><td></td><td></td><td></td><td></td><td></td><td></td><td></td><td></td><td></td><td></td><td></td><td></td><td></td><td></td><td></td><td></td><td></td><td></td><td></td></tr>
<tr><td></td><td></td><td></td><td></td><td></td><td></td><td></td><td></td><td></td><td></td><td></td><td></td><td></td><td></td><td></td><td></td><td></td><td></td><td></td><td></td></tr>
<tr><td></td><td></td><td></td><td></td><td></td><td></td><td></td><td></td><td></td><td></td><td></td><td></td><td></td><td></td><td></td><td></td><td></td><td></td><td></td><td></td></tr>
<tr><td></td><td></td><td></td><td></td><td></td><td></td><td></td><td></td><td></td><td></td><td></td><td></td><td></td><td></td><td></td><td></td><td></td><td></td><td></td><td></td></tr>
<tr><td></td><td>综 合</td><td></td><td></td><td></td><td></td><td></td><td></td><td></td><td></td><td></td><td></td><td></td><td></td><td></td><td></td><td></td><td></td><td></td><td></td></tr>
</table>

表 5.10　整个建筑工程构件、半成品、主要建材综合一览表

项次	类别	构件、半成品及主要材料名称	单位	总计	运输线路	上下水工程	电气工程	工业建筑	居住建筑		其他临建工程	需要量计划							
									永久性住宅	临时性住宅		××年				××年			
												一季度	二季度	三季度	四季度	一季度	二季度	三季度	四季度
1	构件及半成品	钢　筋	t																
2		混凝土及钢筋混凝土	m^3																
3		木结构梁、楼板屋架等	榀																
4		钢结构	t																
5		模　板	m^3																
6	主要建筑材料	砖	千块																
7		石　灰	t																
8		水　泥	t																
9		圆　木	m^3																
10		沥　青	t																
11		钢　材	t																
12		碎　石	m^3																

表 5.11　整个建筑工程主要机具需要量一览表

项次	机具名称	简要说明型号、生产率	单位	电机功率/kW	××年				××年	××年	解决途径
					一季度	二季度	三季度	四季度			
1											
2											
3											
4											

5.5　施工总平面图的设计

施工平面图表示全工地在施工期间所需各项设施和永久性建筑（已建和拟建）之间在空间上的合理布局。它是指导现场施工部署的行动方案，对于指导现场进行有组织有计划的文明施工具有重大意义。建筑施工的过程是一个变化的过程，工地上的实

际情况随时在变，所以施工总平面图也应随之进行必要的修改，施工总平面图的比例一般为 1∶1 000～1∶2 000。

5.5.1　设计施工总平面图需具备的资料

设计施工总平面图时，应掌握以下资料：

（1）建筑总平面图。图中必须表明本建设范围内一切拟建的及已有的建筑物和构筑物、地形的变化。这是正确确定仓库和加工厂的位置以及铺设工地运输道路和解决工地排水等问题所必需的资料。

（2）与本建设有关的一切已有的和拟建的地下管道位置。这是为了避免把临时建筑物或仓库布置在管道上面，和便于考虑是否可以利用永久性管线为施工服务。

（3）总进度计划及主要建筑物的施工方案。由此可了解各建设阶段的施工情况，以及各建筑物和构筑物的施工次序。这样可以考虑把属于后期施工的建筑物及构筑物的场地作为某些临时建筑或仓库的场地。

（4）各种建筑材料、半成品等的供应情况及运输方式、施工机械及运输工具的数量，以便规划工地内部的运输线路。

（5）构件、半成品及主要建筑材料。

（6）各加工厂的规模、生产生活临时设施一览表。

（7）水源、电源及建筑区域的竖向设计资料。以便可以据此布置水电管线和考虑土方的挖填调配。

5.5.2　设计施工总平面布置应遵循的原则

一般应遵照下列原则：

（1）平面布置科学合理，施工场地占用面积少。因此要合理布置各项临时设施及运输道路，恰当地考虑保安和防火的要求。在进行大规模建筑工程施工时，要根据各阶段施工平面图的要求，分期分批地征用土地。

（2）施工区域的划分和场地的临时占用应符合总体施工部署和施工流程的要求，减少相互干扰。一切临时性建筑业务最好不占用拟建永久性建筑物和设施的位置，以避免拆迁所引起的浪费。

（3）合理组织运输，减少二次搬运。为了降低运输费用，必须最合理地布置各种仓库、起重设备、加工厂和机械化装置，合理地选择运输方式和铺设工地运输道路，以保证各种建筑材料、制品和其他资源的运输距离以及其转运数量最小，加工厂的位置应设在便于原料运进和成品运出的地方，同时保证在生产上有合理的流水线。

（4）在满足施工需要的条件下，临时工程的费用应该最少。充分利用既有建（构）

筑物和既有设施为项目施工服务，降低临时设施的建造费用。按施工部署的规划，力争提前修建能为施工利用的永久性建筑物、道路以及上下水道管网、电力设施等。

（5）临时设施应方便生产和生活，办公区、生活区和生产区宜分离设置。工地上各项设施，应有利于生产、方便生活，应该使工人因路途往返而损失的时间最少。这就要求最合理地规划行政管理及文化生活福利用房的相对位置。

（6）符合节能、环保、安全和消防等要求。遵守当地主管部门和建设单位关于施工现场安全文明施工的相关规定。遵循劳动保护和技术保安以及防火规则，各房屋之间要保持一定的距离，如木材加工厂、煅工场距离施工对象均不得小于 30 m，易燃房屋应布置在下风向，易爆易燃品的仓库等距拟建工程及临时建筑物不得小于 50 m，必要时应做成地下仓库。

5.5.3　设计施工总平面图的内容

施工总平面布置图应包括下列内容：

（1）项目施工用地范围内的地形状况。原有的地形等高线，测量基准点，作为安排运输、排水等工作的依据。

（2）全部拟建的建（构）筑物和其他基础设施的位置及尺寸。

（3）为施工服务的一切临时设施的布置，包括项目施工用地范围内的加工设施、运输设施、存贮设施、供电设施、供水供热设施、排水排污设施、临时施工道路和办公、生活用房等。

① 工地上与各种运输业务有关的建筑物和运输道路；

② 各种加工厂、半成品制备站及机械化装置等；

③ 各种材料、半成品及零件的仓库和堆场；

④ 行政管理及文化、生活、福利用的临时建筑物；

⑤ 临时给水、排水管线，供电线路，蒸汽及压缩空气管道；

⑥ 机械站和车库位置；

（4）施工现场必备的安全、消防、保卫和环境保护等设施。

（5）相邻的地上、地下既有建（构）筑物及相关环境。

（6）永久性、半永久性坐标位置、取弃土位置。

5.5.4　施工总平面图的设计方法和步骤

施工总平面图需考虑的问题很多，但总的来说，也是将施工部署进一步具体化，而且用图的方式体现出来。一般可按下述步骤和方法进行。

1. 运输线路的布置

设计施工总平面图时，首先从研究大批材料、成品、半成品及机械设备等进入工地的运输方式开始。运输方式一般为铁路、公路、水路。

当大批材料由铁路运入工地时，应先解决铁路由何处引入及可能引到何处的方案。一般大型工业企业，厂内都有永久性铁路专用线，通常可将建筑总平面图中的永久性铁路专用线提前修建为工程施工服务。但是，有时这种专用线要铺入工地中部，影响工程施工，故大多数情况下是将铁路由工地的一侧或两侧引入。标准宽轨铁路的特点是转弯半径大、坡度严，引入铁路时要注意铁路的转弯半径和竖向设计的要求。铁路的修建工作量大、施工工期长，施工准备期间及建筑施工初期赶不上。因此在规划时，可在施工阶段的初期先以公路为主，等铁路专用线建成再逐步转向以铁路运输为主。

大批材料由水路运入时，应充分利用原有码头的吞吐能力。当需增设码头时，卸货码头不应少于两个，其宽度应大于 25 m，并可考虑在码头附近布置生产企业或转运仓库。

大批材料如以公路运输为主，由于公路可以较灵活布置，设计施工总平面图时应该先将仓库及生产企业布置在最合理最经济的地方，然后再来布置通向场外的公路线。

对公路运输的规划，应先抓干线的修建。布置道路时，需注意下列几个问题：

1）临时道路与地下管网的施工程序及其合理布置

修好永久性道路的路基，作为施工中临时道路使用，一般可以达到节约投资的目的。但当地下管网的图纸尚未下达，而必须采取道路先施工，管网后施工的程序时，临时道路就不能完全按永久道路的位置布置，而应该尽量布置在无管网地区或扩建工程范围的地段上。否则，由于地下管网一般都是沿着厂内永久道路铺设，而埋深一般在 3 ~ 4 m，深的可达 10 m，当开挖管沟时就会破坏临时道路，影响工地运输。

2）保证运输通畅

道路应有两个以上进出口。厂内干线要采用环形布置，主要道路用双车道，宽度不小于 6 m，次要道路可用单车道，宽度不小于 3.5 m。道路末端应设置回车场地，尽量避免临时道路和铁路交叉。如必须交叉，其交角亦应为直角。

3）施工机械行驶线路的设置

道路养护费用的多少，取决于规划是否恰当。一个大型工业工地，在干线上行驶的各种车辆和机械十分频繁，如事先不作出具体的安排和拟订妥善的管理办法，施工机械的行驶往往损坏路面，不仅增加养路工作量，而且会引起运输阻碍、堵塞而影响施工。因此在全工地性的道路规划中应专设施工机械行驶路线。可附设在道路干线的路肩上，宽度约 4 m，长度可仅限于从机械停放场到施工现场必须经过的一段线路。土方机械运土应指定专门线路。此外，应及时疏通路边沟，并尽量利用自然地形排水，在永久渠道或新的排水未建成前，不应破坏原来自然的排水方向，否则，如遇厂区排水不畅，易使道路积水，即影响路基，均会增加养护工作及其费用。

4）公路路面结构的选择

根据经验，凡厂外与省、市公路相连的干线，可以一开始就建成混凝土路面，这是因为两旁多属住宅工程，网管较少，同时也由于按照城市规划来建筑，变动不大。因而，路面修成后遭到破坏的可能性较小。而围绕厂区的环厂道路以及厂内的道路，在施工期间，应选择碎石级配路面。因为厂区内外的管网和电缆、地沟较多，即使是有计划的、密切配合的施工，在个别地方，路面亦难免不遭破坏；采用碎石级配路面，修补也较方便。

2. 确定仓库及加工厂的面积及位置

建筑工程所用仓库按其用途分为：转运仓库，设在火车站、码头附近作为转运之用；中心仓库，用以储存整个企业大型施工现场材料之用；现场仓库（或堆场），为某一工程服务的仓库。

1）各种仓库面积的确定

某一种建筑材料仓库面积的确定，与该建筑材料需储备的天数、材料的需要量以及仓库每一平方米能储存的定额等因素有关。

一般可采用下列近似公式计算其储备量：

$$P = T_n \cdot \frac{QK}{T_1} \tag{5.1}$$

式中　P——某种材料的储备量（t 或 m）；

Q——某种材料年度或季度需要量（t 或 m），可根据材料需要量计划表求得；

T_1——年或某季度工作天数（d），与需要量相适应；

K——材料需要量不均匀系数，一般可采用 1.5 ~ 2，见表 5.12；

T_n——储备天数（天），根据材料的供应情况及运输情况确定，见表 5.13。

在求得某种材料的储备量后，便可根据某种材料每平方米的储备定额，用以下公式算出其需要的面积：

$$F = \frac{P}{qK'} \tag{5.2}$$

式中　F——某种材料所需要的总的仓库面积（m^2）；

q——仓库每平方米面积内能存放的材料、半成品和成品的数量（t/m^2 或 m/m^2），其指标可参照表 5.13 取值；

K'——仓库的面积利用系数，应估计到人行道和车道所占仓库的面积，见表 5.15。

仓库面积的计算，还可以采取另一种简便的方法，即按系数计算法：

$$F = \phi \cdot m \tag{5.3}$$

式中　ϕ——系数，查表 5.14；

m——计算基础数，查表 5.14。

表 5.12 材料需要量不均衡系数表

序号	材料名称	材料使用不均衡系数	
		$K_{季}$	$K_{月}$
1	砂子	1.2 ~ 1.4	1.5 ~ 1.8
2	碎石、卵石	1.2 ~ 1.4	1.6 ~ 1.9
3	石灰	1.2 ~ 1.4	1.7 ~ 2.0
4	砖	1.4 ~ 1.8	1.6 ~ 1.9
5	瓦	1.6 ~ 1.4	2.2 ~ 2.5
6	块石	1.5 ~ 1.7	2.5 ~ 2.8
7	炉渣	1.4 ~ 1.6	1.7 ~ 2.0
8	水泥	1.2 ~ 1.4	1.2 ~ 1.6
9	型钢及钢板	1.3 ~ 1.5	1.7 ~ 2.0
10	钢筋	1.2 ~ 1.4	1.6 ~ 1.9
11	木材	1.2 ~ 1.4	1.6 ~ 1.9
12	沥青	1.3 ~ 1.5	1.8 ~ 2.1
13	卷材	1.5 ~ 1.7	2.4 ~ 2.7
14	玻璃	1.2 ~ 1.4	2.7 ~ 3.0

表 5.13 仓库面积计算数据参考资料

序号	材料名称	单位	储备天数/d	每平方米储存量	堆置高度/m	仓库类型
1	钢材	t	40 ~ 50	1.5	1.0	
2	工槽钢	t	40 ~ 50	0.8 ~ 0.9	0.5	露天
3	角钢	t	40 ~ 50	1.2 ~ 1.8	1.2	露天
4	钢筋（直筋）	t	40 ~ 50	1.8 ~ 2.4	1.2	露天
5	钢筋（盘筋）	t	40 ~ 50	0.8 ~ 1.2	1.0	棚或库约占 20%
6	钢板	t	40 ~ 50	2.4 ~ 2.7	1.0	露天
7	钢管以上	t	40 ~ 50	0.5 ~ 0.6	1.2	露天
8	钢管以上	t	40 ~ 50	0.7 ~ 1.0	2.0	露天
9	钢轨	t	20 ~ 30	2.3	1.0	露天
10	铁皮	t	40 ~ 50	2.4	1.0	库或棚
11	生铁	t	40 ~ 50	5	1.4	露天
12	铸铁管	t	20 ~ 30	0.6 ~ 0.8	1.2	露天
13	暖气片	t	40 ~ 50	0.5	1.5	露天或棚
14	水暖零件	t	20 ~ 30	0.7	1.4	库或棚

续表

序号	材料名称	单位	储备天数/d	每平方米储存量	堆置高度/m	仓库类型
15	五　金	t	20 ~ 30	1.0	2.2	库
16	钢　丝	t	40 ~ 50	0.7	1.0	库
17	电线电缆	t	40 ~ 50	0.3	2.0	库或棚
18	木　材	m^3	40 ~ 50	0.8	2.0	露　天
19	原　木	m^3	40 ~ 50	0.9	2.0	露　天
20	成　材	m^3	30 ~ 40	0.7	3.0	露　天
21	枕　木	m^3	20 ~ 30	1.0	2.0	露　天
22	灰板条	千根	20 ~ 30	5	3.0	棚
23	水　泥	t	30 ~ 40	1.4	1.5	库
24	生石灰（块）	t	20 ~ 30	1 ~ 1.5	1.5	棚
25	生石灰（袋装）	t	10 ~ 20	11.3	1.5	棚
26	石　膏	t	10 ~ 20	1.2 ~ 1.7	2.0	棚
27	砂、石子（人工堆置）	m^3	10 ~ 30	1.2	1.5	露　天
28	砂、石子（机械堆置）	m^3	10 ~ 30	2.4	3.0	露　天
29	块　石	m^3	10 ~ 30	1.0	1.2	露　天
30	红　砖	千块	10 ~ 20	0.5	1.5	露　天
31	耐火砖	t	20 ~ 30	2.5	1.8	棚
32	黏土瓦、水泥瓦	千块	10 ~ 30	0.25	1.5	露　天
33	石棉瓦	张	10 ~ 30	25	1.0	露　天
34	水泥管、陶土管	t	20 ~ 30	0.5	1.5	露　天
35	玻　璃	箱	20 ~ 30	6 ~ 10	0.8	棚或库
36	卷　材	卷	20 ~ 30	15 ~ 24	2.0	库
37	沥　青	t	20 ~ 30	0.8	1.2	露　天
38	液体燃料润滑油	t	20 ~ 30	0.3	0.9	库
39	电　石	t	20 ~ 30	0.3	1.2	库
40	炸　药	t	10 ~ 30	0.7	1.0	库
41	雷　管	t	10 ~ 30	0.7	1.0	库
42	煤		10 ~ 30	1.4	1.5	露　天
43	炉　渣	m^3	10 ~ 30	1.2	1.5	露　天
44	钢筋混凝土构件	m^3				
45	板	m^3	3 ~ 7	0.14 ~ 0.24	2.0	露　天

续表

序号	材料名称	单位	储备天数 /d	每平方米储存量	堆置高度 /m	仓库类型
46	梁、柱	m	3~7	0.12~0.48	1.2	露天
47	钢筋骨架	t	3~7	0.12~0.18	—	露天
48	金属结构	t	3~7	0.16~0.24	—	露天
49	铁件	t	10~20	0.9~1.5	1.5	露天或棚
50	钢门窗	t	10~20	0.65	2	棚
51	木门窗	m^2	3~7	30	2	棚
52	木屋架	m^3	3~7	0.3	—	露天
53	模板	m^3	3~7	0.7	—	露天
54	大型砌块	m^3	3~7	0.9	1.5	露天
55	轻质混凝土制品	m^3	3~7	1.1	2	露天
56	水、电及卫生设备	t	20~30	0.35	1	棚、库各约占 1/4
57	工艺设备	t	30~40	0.6~0.8	—	露天约占 1/2
58	多种劳保用品	件		250	2	库

表 5.14　按系数计算仓库面积

序号	名称	计算基础数 m	单位	系数 ϕ
1	仓库（综合）	工地全员	m^2/人	0.7~0.8
2	水泥库	当年水泥用量的 40%~50%	m^2/t	0.7
3	其他仓库	当年工作量	m^2/万元	2~3
4	五金杂品库	建安工作量 在建建筑面积	m^2/万元 m^2/100 m^2	0.2~0.3 0.5~1
5	土建工具库	高峰年（季平均人数）	m^2/人	0.1~0.2
6	水暖器材库	在建建筑面积	m^2/100 m^2	0.2~0.4
7	电器器材库	在建建筑面积	m^2/100 m^2	0.3~0.5
8	化工油漆危险品库	建安工作量	m^2/万元	0.1~0.15
9	三大工具	在建建筑面积	m^2/100 m^2	1~2
10	脚手、跳板、模板	建安工作量	m^2/万元	0.5~1

表 5.15　仓库面积利用系数

序　号	材料名称	材料使用不均衡系数	
		$K_{季}$	$K_{月}$
1	砂　子	1.2 ~ 1.4	1.5 ~ 1.8
2	碎石、卵石	1.2 ~ 1.4	1.6 ~ 1.9
3	石　灰	1.2 ~ 1.4	1.7 ~ 2.0
4	砖	1.4 ~ 1.8	1.6 ~ 1.9
5	瓦	1.6 ~ 1.4	2.2 ~ 2.5
6	块　石	1.5 ~ 1.7	2.5 ~ 2.8
7	炉　渣	1.4 ~ 1.6	1.7 ~ 2.0
8	水　泥	1.2 ~ 1.4	1.2 ~ 1.6
9	型钢及钢板	1.3 ~ 1.5	1.7 ~ 2.0
10	钢　筋	1.2 ~ 1.4	1.6 ~ 1.9
11	木　材	1.2 ~ 1.4	1.6 ~ 1.9
12	沥　青	1.3 ~ 1.5	1.8 ~ 2.1
13	卷　材	1.5 ~ 1.7	2.4 ~ 2.7
14	玻　璃	1.2 ~ 1.4	2.7 ~ 3.0

2）加工厂面积的确定

加工厂的种类很多，如木材加工厂、钢筋加工厂、混凝土预制构件加工厂、金属结构加工厂等。对每一个建设工程来说，不一定每一个加工厂都要在建设工地设立。如附近有某一种加工厂，其生产能力可以满足本建设工程的需要，而且运输力量又能解决，经施工部署中作了技术方案比较，恰当时便可与已有加工厂订好协议，这时本建设工程施工总平面图中，就可以不再考虑其规模和建设。如果建设地区没有或加工能力只能满足部分需要时，就应该从实际情况出发，作出技术经济的综合分析来确定加工厂的规模。加工厂的规模是根据建设工程对某种产品的加工量来确定的。

工地常用的几种临时加工厂（站）建筑面积计算如下：

钢筋混凝土构件预制厂、锯木间、模板加工间、细木加工间、钢筋加工间等建筑面积皆可用下式确定：

$$F = \frac{KQ}{TS\alpha} \tag{5.4}$$

式中　F——所需建筑面积（m^2）；

Q——加工总量（m、t…）；

K——不均衡系数，取 1.3 ~ 1.5；

T——加工总工期（月）；

S——每 m^2 场地月平均产量（查建筑施工手册或有关资料）；

α——场地或建筑面积利用系数，取 0.6 ~ 0.7。

混凝土搅拌站建筑面积：

$$F = NA \tag{5.5}$$

式中 F——搅拌站建筑面积（m^2）；

N——搅拌机台数（台）；

A——每台搅拌机所需的建筑面积（m^2），取 10 ~ 18 m^2。

$$F = \frac{KQ}{TR} \tag{5.6}$$

式中 Q——混凝土总需要量（m^3）；

K——不均衡系数，取 1.5；

T——混凝土工程施工总工作日；

R——混凝土搅拌机台班产量。

加工厂和作业棚面积也可参照表 5.16、表 5.17 选择。

表 5.16 现场作业棚参考面积

名称	单位	面积/m^2	备注
木工作业棚	m^2/人	2	占地为建筑面积的 2 ~ 3 倍
电锯房	m^2	80	34 ~ 36 in 圆锯 1 台
电锯房	m^2	40	圆锯 1 台
钢筋作业棚	m^2/人	3	占地为建筑面积的 3 ~ 4 倍
搅拌棚	m^2/台	10 ~ 18	
卷扬机棚	m^2/台	6 ~ 12	
烘炉房	m^2	30 ~ 40	
焊工房	m^2	20 ~ 40	
电工房	m^2	15	
白铁工房	m^2	20	
油漆工房	m^2	20	
机、钳工修理房	m^2	20	
立式锅炉房	m^3/台	5 ~ 10	
发电机房	m^2/kW	0.2 ~ 0.3	
水泵房	m^2/台	3 ~ 8	
空压机房（移动式）	m^2/台	18 ~ 30	
空压机房（固定式）	m^2/台	9 ~ 15	

注：1 in = 25.4 mm。

表 5.17 现场作业棚参考面积

加工厂名称	年产量		单位产量所需建筑面积	占地总面积 /m^2	备注
	单位	数量			
混凝土搅拌站	m^3 m^3 m^3	3 200 4 800 6 400	0.022（m^2/m^3） 0.021（m^2/m^3） 0.020（m^2/m^3）	按砂石堆场考虑	400 L 搅拌机 2 台 400 L 搅拌机 3 台 400 L 搅拌机 4 台
临时性混凝土预制厂	m^3 m^3 m^3 m^3	1 000 2 000 3 000 5 000	0.25（m^2/m^3） 0.20（m^2/m^3） 0.15（m^2/m^3） 0.125（m^2/m^3）	2 000 3 000 4 000 <6 000	生产屋面板和中小型梁柱板等，配有蒸养设施
半永久性混凝土预制厂	m^3 m^3 m^3	3 000 5 000 10 000	0.6（m^2/m^3） 0.4（m^2/m^3） 0.3（m^2/m^3）	9 000～12 000 12 000～15 000 15 000～20 000	
木材加工厂	m^3 m^3 m^3	15 000 24 000 30 000	0.024 4（m^2/m^3） 0.019 9（m^2/m^3） 0.018 1（m^2/m^3）	1 800～36 000 2 200～4 800 3 000～5 500	进行原木、大方加工
综合木工加工厂	m^3 m^3 m^3 m^3	200 500 1 000 2 000	0.30（m^2/m^3） 0.25（m^2/m^3） 0.20（m^2/m^3） 0.15（m^2/m^3）	100 200 300 420	加工门窗、模板、地板、屋架等
粗木加工厂	m^3 m^3 m^3 m^3	5 000 10 000 15 000 20 000	0.12（m^2/m^3） 0.10（m^2/m^3） 0.09（m^2/m^3） 0.08（m^2/m^3）	1 350 2 500 3 750 4 800	加工屋架、模板
细木加工厂	万 m^3 万 m^3 万 m^3	5 10 15	0.014 0（m^2/m^3） 0.011 4（m^2/m^3） 0.010 6（m^2/m^3）	7 000 10 000 14 300	加工门窗、地板
钢筋加工厂	t t t t	200 500 1 000 2 000	0.35（m^2/t） 0.25（m^2/t） 0.20（m^2/t） 0.15（m^2/t）	280～560 380～750 400～800 450～900	加工、成型、焊接
冷　拉 拉直场 卷扬机 时效场	（70～80）×（3～4）（m^2） 15～20（m^2） （40～60）×（3～4）（m^2） （30～40）×（6～8）（m^2）			卷扬机棚含 3～5 t 电动卷扬机一台其余场地包括材料及成品堆放	
对焊场地 对焊棚	（30～40）×（4～5）（m^2） 15～24（m^2）			包括材料及成品堆放 寒冷地区应适当增加	
冷拔、冷轧机 剪断机 弯曲机 ϕ12 以下 弯曲机 ϕ40 以下	40～50 30～50 50～60 60～70				
金属结构加工（包括一般铁件）	所需场地（m^2/t） 年产 500 t 为 10 年产 1 000 t 为 8 年产 2 000 t 为 6 年产 3 000 t 为 5			按一批加工数量计算	

3）布置仓库应注意的几个问题

（1）仓库要有宽广的场地。

（2）地势较高而平坦。

（3）位置距离各使用地点适中，以便使运输距离尽可能地缩短。

（4）交通运输方便，能通达铁路与公路。

（5）铁路运输时总仓库要铺设装卸线（最好铺设在仓库与仓库之间，轨面标高低于仓库地坪 1 m），以便火车运到材料立即入库，不必倒运。

（6）要注意技术和防火安全的要求。例如：砖堆不能堆得太高；靠近沟边堆放块石等时，要保持一定距离，避免压垮上壁；易燃材料仓库应布置在拟建房屋的下风向，并需设消防器材；对于危险品仓库更应设在边缘、人少又易保卫的地方；等等。

建筑材料仓库与设备仓库一般以分开设立为好，有以下优点：

① 分别建仓所需场地较之集中建仓所需的场地为小，因此地点易于选择；

② 业务分工明确，便于管理；

③ 不同的材料和设备往往通过不同的运输方式运来，分开设立仓库可以分别设置在适当的地方，如水路运来的大宗砂、石应考虑与码头的距离。

但是假如所选场地平坦宽广，而运输设备等机械化程度又很高，则也可考虑把设备仓库与建筑材料仓库设在一起。这样，有利于统一领导、集中管理、节约人力，并可减少铁路、公路的投资；又可以集中使用运输工具，灵活调配；也可以使某些非标准设备、材料不因分散管理而影响统一使用，保证用到重点工程上。因此，设备仓库与建筑材料仓库究竟分散设置还是集中设置，还应根据具体情况而定。

4）加工厂的布置

加工厂的布置在施工总平面图中这是一项很突出的问题，按加工厂种类分述如下：

（1）混凝土搅拌站和砂浆搅拌站。

混凝土搅拌站可采用集中与分散相结合的方式，其理由是：混凝土搅拌站集中设置，可以提高搅拌站的机械化、自动化程度，从而节约大量劳动力。由于是集中搅拌，统一供应，可以保证重点工程和大型建筑物的施工需要。同时由于管理专业化，混凝土的质量得到保证，而且使生产能力能得到充分发挥。但集中搅拌也存在一些不足的地方，如混凝土的运输，由于集中供应，一般运距较远，必须备有足够的运输车辆；大型工地建筑物和构筑物类型多，混凝土的品种、强度等级也多，要在同一时间，同时供应几种混凝土较难于调度；而且集中供应不易适应工地施工情况的变化，因为集中搅拌的加工厂的产品供应是以计划平衡为基础的，临时改变供应的数量或品种较困难。据上述分析，混凝土搅拌站最好采取集中与分散相结合的布置方式，而分散搅拌规模的总和，不宜超过集中搅拌的规模，以占 40%～50%为宜。如过于分散，则不能发挥集中搅拌的优越性；过分集中，又缺乏分散搅拌供应的灵活性。集中搅拌站的位置，应尽量靠近混凝土需要量最大的工程，至其他各重点供应的工程的服务半径大致相等。

砂浆搅拌站以分散布置为宜，在工业建筑工地一般砌筑工程量不大，很少采用三班连续作业，如集中搅拌砂浆，不仅造成搅拌站的工作不饱满，不能连续生产，且集中供应又会增加运输上的困难。因此砂浆搅拌站采用分散设置较为妥当。

（2）钢筋加工厂。

钢筋加工采取分散还是集中布置方式，各有优缺点，要根据工地实际情况，具体分析，作出比较后决定。

对需进行冷加工、对焊、点焊的钢筋和大片钢筋网，宜设置中心加工厂集中加工后直接运到工地，这样，可以有效发挥加工设备的效能，满足全工地需要，保证加工质量，降低加工成本。但集中生产也有加工厂成批生产与工地需要成套供应的矛盾。必须加强加工厂的计划管理以及与工地的生产需要紧密配合，树立为现场施工服务的观点。小型加工件、小批量生产利用简单机具成型的钢筋加工，由工地设置分散的临时性钢筋加工棚，反而比较灵活。

（3）木材联合加工厂。

木材联合加工厂是否集中设置要根据木材加工的工作量和加工性质而定。如锯材、标准门窗、标准模板等加工量大时，设置集中的木材联合加工厂比较好，因为这样，设备可以集中，生产可以机械化、自动化，从而可节约大量的劳动力，同时残料锯屑可以综合利用，利于节约木材、降低成本。而且标准构件集中加工，不但可以保证质量，也可以加快制作速度。至于非标准件的加工及模板修理等工作，则最好是在工地设置若干个临时作业棚。这样分工合作，无论对加快建设速度，或提高机械化程度及降低加工成本都是有利的。因此，一个大型建设工地，设置木材联合加工厂是必要的，但其规模不宜过大。其地点，如建设区有河流时，最好是靠近码头，因原木多用水运。运到后即可锯割成材和加工，直接运到工地，以减少二次搬运，节省时间与运输费用。

3. 临时房屋及其布置

临时房屋可分为：

（1）行政管理和辅助生产用房，包括办公室、警卫室、消防站、汽车库以及修理车间等。

（2）居住用房，包括职工宿舍、招待所等。

（3）生活福利用房，包括浴室、理发室、开水房、小卖部、食堂、邮电、储蓄所等。

临时房屋的建筑面积主要取决于建筑工地的人数。建筑工地人员分职工和家属两类。

职工包括：直接生产的建筑、安装工人；辅助生产工人（如机械维修、运输、仓库管理、附属企业的工人等）；党、政、技术干部；勤杂服务人员以及生活福利服务机构的人员，等。以上的工人和干部，从人事组织和劳动管理又分为正式职工、合同工和临时工三种。前一种为企业编制内正式在册的工人和干部，人数可从组织部门取得，后两种则可从劳动部门取得。

建筑工地生产人员，还可以采取下列方法计算：直接生产工人数从劳动力需要计划表中高峰年（或季）中求得每个工作日的平均人数，辅助工人一般占直接生产工人的 5%～10%，非生产人员约占工人总数的 20%。

家属人数可按职工人数 10%～30%估算。

人数确定后便可按表 5.18 计算各类临时房屋面积。

表 5.18 行政、生活、福利临时设施面积参考表

临时房屋名称	指标使用方法	参考指标/（m^2/人）	备 注
办公室	干部人数	3～4	1. 本表根据全国收集到的有代表性的企业、地区册资料综合 2. 工区以上设置的会议室已包括在办公室指标内 3. 家属宿舍应以施工期长短和离基地情况而定，一般按高峰年职工平均人数的 10%～30%考虑 4. 食堂包括厨房、库房，应考虑在工地就餐的人数和几次进餐
宿 舍	按高峰年（季）平均职工人数	2.5～3.5	
单层通铺	（扣除不在工地住宿人数）	2.5～3	
双层床		2.0～2.5	
单层床		3.5～4.0	
家属宿舍		16～25	
食 堂	按高峰年平均职工人数	0.5～0.8	
食堂兼礼堂	按高峰年平均职工人数	0.6～0.9	
其他合计	按高峰年平均职工人数	0.5～0.6	
医务室	按高峰年平均职工人数	0.05～0.07	
浴 室	按高峰年平均职工人数	0.07～0.1	
理 发	按高峰年平均职工人数	0.01～0.03	
浴室兼理发	按高峰年平均职工人数	0.08～0.1	
俱乐部	按高峰年平均职工人数	0.1	
小卖部	按高峰年平均职工人数	0.03	
招待所	按高峰年平均职工人数	0.06	
托儿所	按高峰年平均职工人数	0.03～0.06	
子弟小学	按高峰年平均职工人数	0.06～0.08	
其他公用	按高峰年平均职工人数	0.05～0.10	
现场小型设施			
开水房		10～40	
厕 所	按高峰年平均职工人数	0.02～0.07	
工人休息室	按高峰年平均职工人数	0.15	

计算所需的临时建筑时，应尽量利用建设单位的生活基地或其他永久性建筑为基建生活基地，不足部分才另建临时建筑基地。

大型工地办公楼宜设在现场入口处或中心地区，现场办公室应靠近施工地点；生活基地一般设在场外，距工地 500～1 000 m 为宜，并避免设在低洼潮湿、有烟尘和有害健康的地方；食堂宜布置在生活区，也可设在工地与生活区之间。

4. 规划施工供水

1）供水量的确定

建筑工地的用水，包括生产（一般生产用水和施工机械用水）、生活和消防用水三个方面。其计算方法如下：

（1）一般生产用水。

$$q_1 = \frac{1.1 \times \sum Q_1 N_1 K}{t \times 8 \times 3\ 600} \tag{5.7}$$

式中　q_1——生产用水量（L/s）；

Q_1——最大年度（或季度、月度）工程量，可由总进度计划及主要工种工程量中求得；

N_1——各项工种工程的施工用水定额（表 5.19）；

K_1——每班用水不均衡系数（表 5.20）；

T——与 Q_1 相应的工作延续时间（天数），按每天一班计；

1.1——未考虑到的用水量修正系数。

（2）施工机械用水。

$$q_2 = \frac{1.1 \times \sum Q_2 N_2 K_2}{8 \times 3\ 600} \tag{5.8}$$

式中　q_2——施工机械用水量（L/s）；

$\sum Q_2$——同一种机械台数（台）（如多种机械则分别计算）；

N_2——该种机械台班用水定额（表 5.21）；

K_2——施工机械用水不均衡系数（表 5.20）；

1.1——未考虑到的用水量修正系数。

（3）生活用水。

$$q_3 = \frac{1.1 \times P N_3 K_3}{24 \times 3\ 600} \tag{5.9}$$

式中　q_3——生活用水量（L/s）；

P——建筑工地上最大工人人数；

N_3——每人每日生活用水定额（表 5.22）；

K_3——每日用水不均衡系数（表 5.20）；

1.1——未考虑到的用水修正系数。

（4）消防用水。

q_4 应根据建筑工地大小及居住人数确定，见表 5.23。

（5）总用水量计算。

总用水量应根据下列三种情况进行考虑：

① 当（$q_1 + q_2 + q_3$）$\leqslant q_4$ 时，

$$Q = q_4\text{（当失火时生产停止进行）}$$

② 当（$q_1 + q_2 + q_3$）$\geqslant q_4$时，

$$Q = q_1 + q_2 + q_3 \text{（当失火时生产停止进行）}$$

以上适用于建筑工地面积小于 10 ha（1 ha = 10 000 m^2）的情况。

③ 当建筑工地面积大于 10 ha 时，只考虑一半工程停止生产，因此其用水量为

$$Q = q_4 + \frac{1}{2}(q_1 + q_2 + q_3) \tag{5.10}$$

表 5.19　施工用水定额

序号	用水对象	单位	耗水量	备　注
1	浇注混凝土全部用水	L/m^3	1 700 ~ 2 400	
2	搅拌普通混凝土	L/m^3	250	
3	搅拌轻质混凝土	L/m^3	300 ~ 350	
4	搅拌泡沫混凝土	L/m^3	300 ~ 400	
5	搅拌热混凝土	L/m^3	300 ~ 350	
6	混凝土养护（自然养护）	L/m^3	200 ~ 400	
7	混凝土养护（蒸汽养护）	L/m^3	500 ~ 700	
8	冲洗模板	L/m^3	5	
9	搅拌机清洗	L/台班	600	
10	人工冲洗石子	L/m^3	1 000	
11	机械冲洗石子	L/m^3	600	
12	洗　砂	L/m^3	1 000	
13	砌砖工程全部用水	L/m^3	150 ~ 250	
14	砌石工程全部用水	L/m^3	50 ~ 80	
15	抹灰工程全部用水	L/m^2	30	包括砂浆搅拌
16	耐火砖砌体工程	L/m^3	100 ~ 150	
17	浇砖	L/块	200 ~ 250	
18	浇硅酸盐砌块	L/m^3	300 ~ 350	
19	抹面	L/m^2	4 ~ 6	不包括调制用水
20	楼地面	L/m^2	190	主要是找平层
21	搅拌砂浆	L/m^3	300	
22	石灰消化	L/t	3 000	
23	上水管道工程	L/m	98	
24	下水管道工程	L/m	1 130	
25	工业管道工程	L/m	35	

表 5.20　用水不均衡系数

$K_{值}$	用水对象	系　数
K_1	施工工程用水 附属生产企业	1.5 4.25
K_2	施工机械运输机具 动力设备用水	2.0 1.05 ~ 1.1
K_3	工地生活用水 居住区生活用水	1.3 ~ 1.5 2.0 ~ 2.5

表 5.21　机械用水定额

用水机械名称	单位	耗水量/L	备注
内燃挖土机	L/（m^3·台班）	200 ~ 300	以斗容量 m^3 计
内燃起重机	L/（t·台班）	15 ~ 18	以起重量吨数计
蒸汽打桩机	L/（t·台班）	1 000 ~ 1 200	以锤重吨数计
内燃压路机	L/（t·台班）	12 ~ 15	以压路机吨数计
蒸汽压路机	L/（t·台班）	100 ~ 150	
拖拉机	L/（台·昼夜）	200 ~ 300	
汽　车	L/（台·昼夜）	400 ~ 700	
标准轨蒸汽机车	L/（台·昼夜）	10 000 ~ 20 000	
空压机	L/（台班·m^3·min）	40 ~ 80	以每分钟排气量计
内燃机动力装置（直流水）	L/（马力·台班）	120 ~ 300	
内燃机动力装置（循环水）	L/（马力·台班）	25 ~ 40	
锅　炉	L/（t·h）	10 ~ 50	
点焊机 25 型	L/（台·h）	100	
点焊机 50 型	L/（台·h）	150 ~ 200	
点焊机 75 型	L/（台·h）	250 ~ 300	
对焊机	L/（台·h）	300	
冷拔机	L/（台·h）	300	
凿岩机 01-38	台·min	3 ~ 8	
凿岩机 YQ-100 型	台·min	8 ~ 12	
木工场	台班	20 ~ 25	
锻工房	台班	40 ~ 50	

注：1 马力 ≈ 735 W。

表 5.22 每人每日生活用水定额

用水对象	单 位	耗水量
生活用水（盥洗、饮用）	L/（人·日）	20～40
食 堂	L/（人·次）	10～20
浴室（淋浴）	L/（人·次）	40～60
淋浴带大池	L/（人·次）	50～60
洗衣房	L/（人·kg 干灰）	40～60
理发室	L/（人·日）	10～25
学 校	L/（学生·次）	10～30
幼儿园托儿所	L/（儿童·日）	75～100
病 院	L/（病床·日）	100～150

表 5.23 现场消防用水定额

用水名称	火灾同时发生次数	单位	用水量
居民区消防用水：			
5 000 人以内	一次	L/s	10
10 000 人以内	二次	L/s	10～15
250 000 人以内	二次	L/s	15～20
施工现场消防用水：			
施工现场在 25 ha 内	一次	L/s	10～15
每增加 25 ha	一次	L/s	5

2）水源选择及临时给水系统

（1）水源选择。

建筑工地的临时供水水源，最好利用附近居民区或企业区的现有给水管，只有在建筑工地附近没有现成的给水管，或无法利用时，才另选天然水源。

天然水源有：地面水（江河水、湖水、水库水等）、地下水（泉水、井水）。

选择水源应考虑下列因素：水量充沛可靠，能满足最大需水量的要求；符合生活饮用水、生产用水的水质要求，混凝土用水的水质要求见表 5.24；取水、输水、净水设施安全可靠；施工、运转、管理、维护方便。

（2）临时给水系统。

给水系统由取水设施、净水设施、储水构筑物（水塔、蓄水池）、输水管及配水管组成。通常应尽量先修建永久性给水系统，只有在工期紧迫、修建永久性给水系统难应急需时，才修建临时给水系统。

表 5.24　混凝土用水质量要求

项　目	标　准		
	预应力混凝土	钢筋混凝土	素混凝土
pH 值	>4	>4	>4
不溶物含量/（mg/L）	<2 000	<2 000	<5 000
可溶物含量/（mg/L）	<2 000	<5 000	<10 000
氯化物（以 Cl^- 计）/（mg/L）	<500	<1 000	<3 500
硫化物（以 SO_4^{2-} 计）/（mg/L）	<600	<2 700	<2 700
硫化物（以 S^{2-} 计）/（mg/L）	<100	—	—

① 取水设施一般由取水口、进水管及水泵站组成。取水口距河底（或井底）不得小于 0.25 m，在冰层下部边缘的距离也不得小于 0.25 m。给水工程一般用离心泵，所用的水泵要有足够的抽水能力和扬程。水泵应具有的扬程计算数据，可参阅《建筑施工手册》。

② 储水构筑物有水池、水塔和水箱。在临时供水中，只有在水泵非昼夜工作时才设置，其容量以每小时消防用水量来决定，但容量一般不小于 10 ~ 20 m^3。

（3）管径计算。

根据工地总需水量 Q，按下列公式计算管径：

$$D=\sqrt{\frac{4Q\times 1\,000}{\pi\times v}} \tag{5.11}$$

式中　D——配水管直径（mm）;

Q——工地总需水量（L/S）;

v——管网中的水流速度（m/s），查表 5.25。

表 5.25　施工用水管道经济流速

管道类别及直径	流　速/（L/s）	
	正　常	消防时
支管 D>100 mm	2	
生产消防水管 D = 100 ~ 300 mm	1.3	>3.0
生产消防水管 D>300 mm	1.5 ~ 1.7	2.7
生产用水管 D>300 mm	1.5 ~ 2.5	3.0

3）配水管网的布置

在规划施工用水的临时管网时需注意：

（1）尽量利用永久性管网，这是最经济的方案。

（2）临时管网布置应与土方平整统一规划。如果临时管网在规划时不与整个土方平衡统一考虑，势必会产生将铺设了而使用不久的管道，因挖土而暴露于地面，甚至挖断；或因填土而深埋地下，这样就必须拆除，再行埋设，造成返工浪费。

（3）临时水池、水塔应设在地势较高处；过冬的临时管道要采取保温措施；消防站一般布置在工地的出入口附近，沿道路设置消火栓，消火栓间距不大于 120 m，距拟建房屋不小于 5 m，距路边不大于 2 m。

（4）布置的方式通常有环状式或树枝状式。前者管道干线围绕施工对象一圈；后者干线为一条或若干条，从干线到各使用点则用支线联结。也可两者结合布置。

5. 规划施工供电

建筑工地临时供电组织一般包括：计算用电量、选择电源、确定变压器、布置配电线路和决定导线截面。

1）用电量计算

施工用电量包括动力用电和照明用电两类。可用下式计算：

$$P = 1.05 \sim 1.10\left(K_1\frac{\sum P_1}{\cos\phi} + K_2\sum P_2 + K_3\sum P_3 + K_4\sum P_4\right) \tag{5.12}$$

式中 P——供电设备总需要容量（kW）；

P_1——电动机额定功率（kW）；

P_2——电焊机额定容量（kV·A）；

P_3——室内照明容量（kW）；

P_4——室外照明容量（kW）；

$\cos\phi$——电动机的平均功率因数（在施工现场最高为 0.75～0.78，一般为 0.65～0.75）；

$K_1 \sim K_4$——电动机、电焊机、室内、室外照明等设备的同期使用系数，工地中设备数量越多，此系数越小。当电动机、电焊机均为 3～10 台时，$K_1 = 0.7$，$K_2 = 0.6$；电动机为 11～30 台时，$K_1 = 0.6$；当电动机在 30 台以上、电焊机在 10 台以上时，$K_1 = 0.5$，$K_2 = 0.5$，K_3 一般取 0.8，K_4 一般取 1。

施工现场的照明用电量所占的比重较动力用电量要少得多，所以在估算总用电量时可以动力用电量之外再加上 10%作为照明的用电量即可。

施工现场照明用电量也可以查表 5.26 和表 5.27 进行计算。

2）电源选择

关于电源的选择，最经济的方案是利用施工现场附近已有的高压线路或发电站及变电所，但事前必须将施工中需要的用电量向供电部门申请。如果在新辟的地区中施工，不可能获得，或者离现有电源较远和能力不足时，就必须考虑临时供电设施。

当工地由附近高压电力网输电时，则在工地上设降压变电所，把电压从 110 kV 或 35 kV 降到 10 kV 或 6 kV，再由若干分变电所把电压从 10 kV 或 6 kV 降到 380/220 V。变电所的有效供电半径为 400～500 m。变压器的容量可按下式计算：

表 5.26　室内照明用电参考资料

用电定额	容量/（W/m^2）	用电定额	容量/（W/m^2）
混凝土及灰浆搅拌站	5	锅炉房	3
钢筋室外加工	10	仓库及棚仓库	2
钢筋室内加工	8	办公楼、试验室	6
木材加工锯木及细木作	5～7	浴室、盥洗室、厕所	3
木材加工模板	8	理发室	10
混凝土预制构件厂	6	宿　舍	3
金属结构及机电修配	12	食堂或俱乐部	5
空气压缩机及泵房	7	诊疗所	6
卫生技术管道加工厂	8	托儿所	9
设备安装加工厂	8	招待所	5
发电站及变电所	10	学　校	6
汽车库或机车库	5	其他文化福利	3

表 5.27　室外照明用电参考资料

用电名称	容量/（W/m^2）	用电名称	容量/（W/m^2）
人工挖土工程	0.8	设备堆放、砂石、木材、钢筋、半成品堆放	0.8
机械挖土工程	1.0		
混凝土浇筑工程	1.0	车辆行人主要干道	2 000 W/km
砖石工程	1.2	车辆行人次要干道	1 000 W/km
打桩工程	0.6	夜间运料（夜间不运料）	0.8（0.5）
安装及铆焊工程	2.0	警卫照明	1 000 W/km
卸车场	1.0		

$$P = K\frac{\sum P_{\max}}{\cos\phi} \qquad (5.13)$$

式中　P——变压器的容量（kW）；

K——功率损失系数，取 1.05；

$\sum P_{\max}$——各施工区的最大计算负荷（kW）；

$\cos\phi$——功率因数，取 0.75。

根据计算所得容量，选用相近的变压器。施工机械用电量参见表 5.28。导线的截面选择应符合表 5.29 的规定。

施工组织总设计一经批准后，即成为组织整个施工活动的指导性文件，必须严肃对待，认真执行。各总、分承建单位的施工活动，必须按照施工组织总设计进行安排。生产计划、技术、物资供应、劳动工资和附属加工企业等部门，都必须按照施工组织总设计的内容认真安排各自的工作。各级生产和技术领导，应严格按照施工组织总设计检查和督促各项工作的落实。在施工过程中，如果情况和条件发生变化，施工组织总设计应及时修改调整，并按照修改后的施工组织总设计执行，切实保证施工任务的顺利进行。

表 5.28 施工机械用电定额参考资料

机械名称	型号	功率/kW
振动夯土机	HW-20	1.5
	HW-60	2.8
振动夯土机	HZ-380A	4
振动沉桩机	北京 580 型	45
	北京 601 型	45
	广东 10 t	28
	CH20	55
	DZ-4000 型（拔桩）	90
	DZ-8000 型（拔桩）	90
螺旋钻机	LZ 型长螺旋钻	30
	BZ-1 型短螺旋钻	40
	ZK2250	22
螺旋钻扩孔机	ZK120-1	13
冲击式钻机	YKC-20C	20
	YKC-22M	20
	YKC-23M	40
塔式起重机	红旗Ⅱ-16 整体拖运	19.5
	QT40（TQ2-6）	48
	TQ	55.5
	TQ	58
	QT	63.37
	法国 POTAIN 厂产 H5-56B5P（225 t · m）	150
	法国 POTAIN 厂产 H5-56B（235 t · m）	137
	法国 POTAIN 厂产 TOPKIT FO/25（132 t · m）	60
	法国 P.B.R 厂产 GTA91-83（450 t · m）	160
	德国 PEINE 厂产 SK280-055（307, 314 t · m）	150
	德国 PEINE 厂产 SK560-05（675 t · m）	170
	法国 PEINER 厂产 TN112（155 t · m）	90

机械名称	型号	功率/kW
卷扬机	JJK0.5	3
	JJK-0.5B	2.8
	JJK-1A	7
	JJK-5	40
	JJZ-1	7.5
	JJ2K-1	7
	JJ2K-3	28
	JJ2K-5	40
	JJM-0.5	3
	JJM-3	7.5
	JJM-5	11
	JJM-10	22
自落混凝土搅拌机	J1-250（移动式）	5.5
	J1-250（移动式）	5.5
	J1-400（移动式）	7.5
	J1-400A（移动式）	7.5
	J1-800（固定式）	17
强制混凝土搅拌机	J4-375（移动式）	10
	J4-1500（固定式）	55
混凝土搅拌站、楼	HZ-15	38.5
混凝土输送泵	HZ-15 台	32.2
混凝土喷射机（回转式）	HPH6	7.5
混凝土喷射机（罐式）	HPG4	3
插入式振动器	HZ6X-30（行星式）	1.1
	HZ6X-35（行星式）	1.1
	HZ6X-50（行星式）	1.1～1.5
	HZ6X-60（行星式）	1.1
	HZ6P-70A（偏心式）	2.2
平板式振动器	PZ-501	0.5
	N-7	0.4
附着式振动器	HZ2-4	0.5
	HZ2-5	1.1
	HZ2-7	1.5
	HZ2-10	1.0
	HZ2-20	2.2

续表

机械名称	型号	功率/kW
真空吸水机	HZJ-40 HZJ-60 改型泵Ⅰ号 改型泵Ⅱ号	4 4 5.5 5.5
预应力拉伸机 油漆泵	ZB4/500 型 58M4 型卧式双缸 LYB-44 型立式 ZB10/500	3 1.7 2.2 10
钢筋调直机	GJ4-14（TQ4-14） GJ8-8/4（TQ4-8） 北京人民机器厂 数控钢筋调直切断机	2×4.5 5.5 5.5 2×2.2
钢筋切断机	GJ5-40（QJ40） GJ5-40-1（QJ40-1） GJ5t-32（Q32-1）	7 5.5 3
钢筋弯曲机 交流电焊机	GJ7-45（WJ40-1） 北京人民机器厂 四头弯筋机 BX3-120-1 BX3-300-2 BX3-500-2 BX3-1000 （BC-1000）	2.8 2.21 3 9 23.4 38.6 76
直流电焊机	AX1-165（AB-165） AX4-300-1 （AG-300） AX-320（AT-320） AX5-500 AX3-500（AG-500）	6 10 14 26 26
纸筋麻刀 搅拌机动	ZMB-10 UB3 UBJ2 UB-76-1 FL-16	3 4 2.2 5.5 4
墙围水磨石机 地面磨光机 套丝切管机 电支液压弯管机 电动弹涂机	YM200-1 DM-60 TQ-3 WYQ DT120A	0.55 0.4 1 1.1 8

机械名称	型号	功率/kW
混凝土振动台	HZ9-1X2 HZ9-1.5X6 HZ9-2.4X6.2	7.5 30 55
纸筋麻刀搅拌机动	HM4 HM4-1 CM2-1 MQ-1	2.2 3 1 1.65
液压升降台 泥浆泵 液压控制台 自控自动调平液压控制台 静电触探车	YSF25-50 红星-30 红星-75 YKT-36 YZKT-56 ZTYY-2 BC-D1	3 30 60 7.5 11 10 5.5
混凝土沥青切割机 小型砌块成型机 载货电梯 木工电刨板机 木工刨板机 木工圆锯 木工圆锯 木工圆锯 脚踏截锯机 单面木工压刨床 单面木工压刨床 单面木工压刨床 双同木工刨床 木工平刨床 木工平刨床 普通木工车床 单头直榫开榫机 灰浆搅拌机 灰浆搅拌机	G-1 JH5 76-MIB2-80/1 MB1043 MJ104 MJ106 MJ114 MJ217 MB103 MB103A MB106 MB104A MB206A MB503A MB504A MCD616B MX2112 UJ325 UJ100	6.7 7.5 11/0.7 3 3 5.5 3 7 3 4 7.5 4 4 3 3 3 9.8 3 2.2

表 5.29 导线按机械强度所允许的最小截面

导线用途	导线最小截面面积/mm^2	
	铜线	铝线
照明装置用导线：户内用	0.5	2.5
户外用	1.0	2.5
双芯软电线：用于吊灯	0.35	—
用于移动式生产用电设备	0.5	—
多芯软电线及软电缆：用于移动式生产用电设备	1.0	—
绝缘导线：固定架设在户内绝缘支持件上，其间距为		
2 m及以下	1.0	2.5
6 m及以下	2.5	4
25 m及以下	4	10
裸导线：户内用	2.5	4
户外用	6	16
绝缘导线：穿在管内	1.0	2.5
设在木槽板内	1.0	2.5
绝缘导线：户外沿墙敷设	2.5	4
户外其他方式敷设	4	10

复习思考题

1. 施工组织总设计的内容有哪些？
2. 施工组织总设计时砼搅拌站如何布置，为什么？
3. 施工组织总设计中施工部署有哪些内容？
4. 简述搅拌站、加工厂的位置布置要求。

参考文献

[1] 童华炜. 土木工程施工. 北京：科学出版社，2006.

[2] 应惠清. 土木工程施工. 上海：同济大学出版社，2007.

[3] 宁仁岐，郑传明. 土木工程施工. 北京：中国建筑工业出版社，2006.

[4]《建筑施工手册》（第五版）编委会. 建筑施工手册. 北京：中国建筑工业出版社，2012.

[5] 何夕平，刘吉敏. 土木工程施工组织. 武汉：武汉大学出版社，2016.

[6] 李忠富. 建筑施工组织与管理. 北京：机械工业出版社，2004.

[7] 中国建设监理协会编写组. 建设工程进度控制. 北京：中国建筑工业出版社，2004.

[8] 于立军，孙宝庆. 建筑工程施工组织. 北京：高等教育出版社，2005.

[9] 姚刚. 土木工程施工技术与组织. 重庆：重庆大学出版社，2013.

[10] 彭仁娥. 建筑施工组织. 北京：北京理工大学出版社，2016.

[11] 住房和城乡建设部. 建设工程施工管理规程：T/CCIAT0009—2019. 北京：中国建筑工业出版社，2019.

[12] 住房和城乡建设部. 建设工程项目管理规范：GB/T 50326. 北京：中国建筑工业出版社，2017.

[13] 住房和城乡建设部. 建筑施工组织设计规范：GB/T 50502. 北京：中国建筑工业出版社，2009.

参考文献

[1] [illegible]

[2] [illegible]

[3] [illegible]

[4] [illegible]

[5] [illegible]

[6] [illegible]

[7] [illegible]

[8] [illegible]

[9] [illegible]

[10] [illegible]

[11] [illegible]

[12] [illegible]

[13] [illegible]